失管荔枝园
的改造与管理

◎马志航 主编

中国农业科学技术出版社

图书在版编目（CIP）数据

失管荔枝园的改造与管理 / 马志航主编 . -- 北京：中国农业科学技术出版社，2024.1. -- ISBN 978-7-5116-6988-9

Ⅰ . S667.1

中国国家版本馆 CIP 数据核字第 2024LA3728 号

责任编辑	周　朋
责任校对	王　彦
责任印制	姜义伟　王思文

出 版 者	中国农业科学技术出版社
	北京市中关村南大街 12 号　邮编：100081
电　　话	（010）82103898（编辑室）　（010）82106624（发行部）
	（010）82109709（读者服务部）
网　　址	https://castp.caas.cn
经 销 者	各地新华书店
印 刷 者	北京建宏印刷有限公司
开　　本	148 mm×210 mm　1/32
印　　张	4
字　　数	120 千字
版　　次	2024 年 1 月第 1 版　2024 年 1 月第 1 次印刷
定　　价	38.00 元

━━◀◆ 版权所有·翻印必究 ◆▶━━

《失管荔枝园的改造与管理》编委会

主　编：马志航

副主编：周国列　莫振勇

编　委：甘　冰　胡永杏　高小凤

　　　　周传猛　党裔育　邓开萍

　　　　陈日红　刘　钰　阙小莉

前　言

荔枝是岭南佳果，鲜食味美，营养丰富，素有"南方果王"的美誉，深受消费者喜爱。改革开放之初至20世纪末是我国荔枝产业的极速发展时期，全国荔枝种植总面积从1980年的191.4万亩暴涨至1999年的872.0万亩①，荔枝产量也在1999年首次突破100万吨。其后10年间，荔枝种植面积基本稳定不变，产量在波动中上升，市场逐渐出现供过于求的局面，加之生产成本不断上涨，很多果园渐渐难以为继，大量荔枝园失管的现象开始出现。失管荔枝园的出现不但造成了土地资源的浪费，更直接影响了果农的家庭收入，很多青壮年为了生计不得不背井离乡，农村留守妇女、儿童、老人日趋增多。因此，对于本就收入微薄的农民而言，荔枝产业的发展问题，一定程度上也是影响基层社会幸福安定的问题。

供过于求造成荔枝价格暴跌，生产成本上涨进一步压缩了本就微薄的利润空间，直接导致大量荔枝园失管。"日啖荔枝三百颗，不辞长作岭南人"，岭南山多平原少，粮田宝贵，"果树上山"在保证了基本粮田的前提下推动了林果经济的发展，但也在日后成为林果经济进一步发展的"拦路虎"，以致成为荔枝园失管的重要原因之一。除此之外，果园规模小且碎片化严重、品种与市场脱节、从业者老龄化、国际竞争等也是荔枝园失管的重要原因。本书对荔

---

① 1亩≈667 m², 15亩=1 hm²。全书同。

枝的价值、各省区市及国外主要相关产区荔枝产业情况开展了讨论，笔者据此就失管荔枝园的形成原因进行了分析，并提出了失管荔枝园改造及管理方面的建议，以期为我国荔枝产业的健康发展提供参考，为地方因地制宜开展乡村振兴做出小小的贡献，为农民增收贡献绵薄之力。

本书适合广大果农、农技人员及相关管理人员阅读参考。

本书由国家荔枝龙眼产业技术体系（CARS-32）、广西现代种业提升工程项目（玉林市荔枝种质资源圃建设与种质资源收集保存）资助出版。本书参考并引用了诸多前人的劳动成果，特此致谢。一千个人的眼中有一千个哈姆雷特，同一个人眼中的庐山，也会"横看成岭侧成峰"。由于作者水平有限，加之对前人劳动成果的理解也可能不够全面、准确，以致书中疏漏和不足在所难免，希望各位同行和广大读者及时批评指正。

马志航

2023 年 11 月 7 日

目 录

第一章 荔枝的价值 1
第一节 鲜食价值 1
第二节 加工价值 2
第三节 文化价值 3

第二章 我国部分省区市荔枝生产情况 4
第一节 广东省荔枝生产情况 4
第二节 广西壮族自治区荔枝生产情况 7
第三节 海南省荔枝生产情况 10
第四节 云南省荔枝生产情况 11
第五节 四川省、重庆市、贵州省荔枝生产情况 12
第六节 福建省荔枝生产情况 14
第七节 台湾省荔枝生产情况 15
第八节 浙江省荔枝生产情况 17

第三章 世界主要荔枝出口国生产概况 18

第四章 失管荔枝园成因分析 20
第一节 荔枝文化在全球范围内影响力不强 20
第二节 国际竞争 21
第三节 果园立地条件差 21
第四节 果园规模普遍偏小且碎片化明显 22
第五节 从业者老龄化且专业知识储量不足 24

第六节　荔枝品种结构不合理 ………………………………… 25
　　第七节　荔枝加工产业不够成熟 ……………………………… 27

第五章　失管荔枝园问题的解决对策 …………………………… 30
　　第一节　加强荔枝文化建设，培育消费市场 ………………… 30
　　第二节　提高荔枝产业组织化程度 …………………………… 31
　　第三节　加强果农培训 ………………………………………… 34
　　第四节　山地荔枝园的改造 …………………………………… 36
　　第五节　失管荔枝园的改造 …………………………………… 37

第六章　失管荔枝园高接换种改造后至挂果前管理 …………… 62
　　第一节　提高接穗成活率 ……………………………………… 62
　　第二节　树冠培养 ……………………………………………… 64

第七章　挂果树的管理 …………………………………………… 68
　　第一节　根系 …………………………………………………… 68
　　第二节　秋梢 …………………………………………………… 74
　　第三节　花 ……………………………………………………… 83
　　第四节　果实 …………………………………………………… 90

第八章　荔枝采收、保鲜与加工 ………………………………… 97
　　第一节　荔枝采收 ……………………………………………… 97
　　第二节　荔枝保鲜 ……………………………………………… 99
　　第三节　荔枝加工 ……………………………………………… 101

参考文献 …………………………………………………………… 103

第一章 荔枝的价值

荔枝素有"南方果王"之称,其最重要的价值即是鲜食。除鲜食外,荔枝还有一定的加工价值、文化价值。

第一节 鲜食价值

荔枝果实外观艳丽、营养丰富,富含蛋白质、脂肪、氨基酸、维生素及多种矿物质(王震红,2010)。荔枝果实质量普遍在20 g左右,轻轻撕开果皮即可食用,相比较于菠萝蜜、榴莲、西瓜、柚子、苹果等个体偏大甚至较难去皮的水果而言,食用荔枝的过程无需借助任何刀具,无需清洗,更不用担心因果实太大吃不完而不得不长时间放置从而导致其口感下降,甚至变质。

尤其值得一提的是荔枝的香气与口感。陈厚彬等起草的 NY/T 2667.3—2014《热带作物品种审定规范 第3部分:荔枝》中,涉及荔枝口感的果实性状有果肉质地(爽脆;细嫩;细韧;粗糙)、风味(淡;甜;酸甜;酸)、香味(无香;微香;蜜香;特殊香味)、涩味(无涩;微涩;涩)、可溶性固形物含量;欧良喜和陈洁珍(2006)所著的《荔枝种质资源描述规范和数据标准》中,涉及荔枝口感的果实性状有流汁情况(无;有)、肉质(爽脆;细软;粗糙)、汁液(少;中等;多)、风味(浓甜;清甜;酸甜合适;酸;极酸)、香气(无;微香;蜜香;特殊香味;异味)、涩味(无;微涩)、可溶性固形物含量。诸如此类的性状划分一定程度上有助于区分荔枝品种,然而却远远无法描述荔枝果实带给食客嗅觉与味觉上细腻而丰富的体验。马锞等(2015)对极

优荔枝品种观音绿成熟果实香气成分进行萃取分析，成熟观音绿果实中共检出烯类、醇类、酯类、酮类、烃类、醛类及其他化合物67种，其中，主要香味成分柠檬烯、萜品油烯有类似柠檬的香味，月桂烯具有清淡的香脂气味，乙酸乙酯具有果香味，橙花醇有玫瑰和橙花的香气，1-辛烯-3-醇具有蘑菇、薰衣草、玫瑰和干草的香气，这些香气成分相互作用，共同构成了观音绿特殊的风味。糯米糍（陈玉旭等，2009）、冰荔（董晨等，2022）、御金球（蒋侬辉等，2016）等品种也含有丰富的香气。荔枝的营养元素与香气的种类、含量可以被客观量化，然而荔枝的口感却是极为主观的。不过，尽管存在所谓的"众口难调"，人们对荔枝的评价却如出一辙，白居易说"嚼疑天上味，嗅异世间香"；韩偓说"应是仙人金掌露，结成冰入茜罗囊"；李吴滋说"一啖数十颗，齿腭丹氛缀"；郭子直说"饱食直教三百颗，滞留瘴海未须嫌"……从古至今，无数文人骚客毫不吝啬地表达着对荔枝的喜爱与赞美，使得荔枝成为被吟咏最多的水果。据董运来（2010）统计，自东汉至民国以来，共有569篇关于荔枝的诗、词、颂、赋、谱流传于世，此种待遇在水果界极为罕见，这足以说明尽管个人口感是主观的，荔枝鲜果带给食客的享受却是客观的。

第二节　加工价值

荔枝果肉能够被加工成荔枝干、荔枝罐头、荔枝酒、荔枝汁、荔枝醋、荔枝果酱等，除加工性能外，荔枝还具有熟食性，可以用来制作各种菜肴及糕点。

荔枝果皮、荔枝核、荔枝木也极具加工潜力。荔枝果皮不能直接食用，但其含有丰富的酚类物质，酚类物质具有抗氧化、抗诱变、抗病毒等调节动物细胞的生理功效，荔枝果皮作为药材还具有除湿止痢、止血的功效（徐灼辉等，2020）。荔枝核主要含有黄酮类、多糖类、甾体类、鞣质类、挥发油和氨基酸类化学成分，有抗

肿瘤、抗病毒、抗炎、抗氧化等多种功效（王倩等，2020）。荔枝木纹理细致坚实，耐潮防腐抗蛀，被誉为"中国酸枝"（梁瑞龙，2015），是用于船舶、车辆、建筑、运动器械和高级家具等的上乘木材，其根部常被用来制作高端的根雕茶具。

第三节 文化价值

荔枝的文化价值不仅在于千百年流传下来的文献、文化传说、诗词曲赋或名木古树，也在于荔枝是岭南文化与广府文化的一个重要的代表性符号（陈厚彬，2018），更在于它对国家符号的塑造——如榴莲之于泰国、猕猴桃之于新西兰、车厘子之于智利。

我国是世界荔枝的唯一起源中心（Hu et al., 2022），有着2 000余年的荔枝栽培历史，有着世界第一的荔枝种植面积，有着世界上保存荔枝种质资源最多、最完整的国家（广州）荔枝果树种质资源圃，有着最为强大的荔枝科研团队和丰硕的研究成果（陈厚彬等，2019）等，荔枝完全有资格成为我国的国家符号之一。荔枝之于国家符号的塑造，不但有利于直接推动荔枝鲜果、荔枝加工品及荔枝文旅产品在全球范围内的销售，创造直接经济价值，更有利于推动我国荔枝产业的现代化发展，为我国在荔枝栽培、新品种的选育、荔枝加工、荔枝文化交流、区域特色经济发展等方面提供支点，更为我国在全球范围内制定荔枝行业相关标准提供重要的背书，从而引领全球荔枝产业的发展。

第二章 我国部分省区市荔枝生产情况

我国荔枝大规模经济适栽区分布在北纬 18°~24°，受大海、江河、高山、河谷等所形成区域小气候的影响，分布范围能够向南延伸至北纬 10°（欧良喜等，2010），向北延伸至北纬 29°。根据 2020—2022 年连续 3 年对国家荔枝龙眼产业技术体系（以下简称"荔枝龙眼体系"）各综合试验站的调研及结合试验站覆盖区域面积占比推算，近年来我国荔枝种植面积基本保持在 800 万亩左右，且 85%以上分布在广东、广西，海南、云南、四川、福建、台湾也有一定规模的分布（苏钻贤等，2020；陈厚彬和苏钻贤，2021；陈厚彬等，2022）。除此之外，重庆、浙江、贵州、西藏（李美桂等，2008）也有零星种植。

第一节 广东省荔枝生产情况

广东省地处北纬 20°09′~25°31′，大部区域位于北回归线以南，属热带亚热带季风气候区，是我国第一大荔枝产区，除粤北山区的韶关、清远等地因冻害不宜种植荔枝外，其余地区均有荔枝种植。根据 2020—2022 年的报道，近年来广东荔枝种植面积约 400 万亩（苏钻贤等，2020；陈厚彬和苏钻贤，2021；陈厚彬等，2022）。广东是我国主要的早中熟荔枝产区，主栽品种有妃子笑、黑叶、白糖罂、白蜡、桂味、怀枝、糯米糍、双肩玉荷包、鸡嘴荔、进奉、无核荔、仙进奉、凤山红灯笼，另外还有井岗红糯、冰荔、唐夏红、观音绿等地方特色品种（陈厚彬等，2020）（李建国，

2022)[16]，熟期为5月中下旬至7月上旬。根据陈厚彬、苏钻贤等2020年、2021年、2022年对各综合试验站的调研及推算，预测2020年广东荔枝在5月、6月、7月3个月份上市产量比例分别为30.85%、67.84%、1.32%；2021年为29.65%、65.60%、4.75%；2022年为38.4%、60.9%、0.7%，据此可粗略推算，广东荔枝有六七成集中在6月上市。

海南是全国荔枝上市最早的省份，云南、广东依次紧随其后，然而由于海南荔枝种植面积过小，云南荔枝种植面积更小，又远在西南一隅，且云南上市的早熟荔枝以三月红、褐毛荔等品质较为普通的品种为主（张惠云等，2019），因此，尽管广东荔枝上市时间略晚于海南、云南，广东荔枝依然有着巨大的早熟优势。除此之外，广东排名第一的人口数量及经济总量也为广东荔枝就近销售创造了巨大且高质量的"内需"市场。除了独一无二的地缘及市场优势外，广东荔枝产业还具有以下优势。

①政府对荔枝产业高度重视。2017年广东省颁布了《广东省荔枝产业保护条例》，将荔枝产业定位为广东省区域优势特色产业。该条例中规定，省人民政府和荔枝产区市、县人民政府应当加强对荔枝产业发展工作的领导，建立促进荔枝产业发展的协调机制，完善荔枝产业发展的政策措施。

②科研实力雄厚。1988年广东省农业科学院承担建设"国家果树种质荔枝资源圃（广州）"，截至2022年12月已收集保存荔枝种质资源652份，是世界上保存荔枝种质资源最多、最完整的荔枝种质资源圃（文英杰等，2023）；2001年、2014年华南农业大学承担的"果菜采后处理及贮运保鲜工程技术研究与开发利用""荔枝高效生产关键技术创新与应用"项目均获得国家科技进步奖二等奖（陈厚彬等，2019）（陈厚彬，2010）[17]；2008年，国家现代农业（荔枝）产业技术体系挂靠华南农业大学成立，其首席科学家由华南农业大学陈厚彬研究员担任，其余各领域岗位专家也主要来自华南农业大学与广东省农业科学院；2014年，华南农业大

学陈厚彬研究员领衔起草了《植物新品种特异性、一致性和稳定性测试指南 荔枝》（NY/T 2564—2014）；近年来风靡全国的仙进奉、岭丰糯、冰荔等品种主要由广东省相关单位选育。

③广东省二三产业发达，有反哺第一产业的能力。广东省地区生产总值多年来在全国名列前茅，为反哺第一产业（如荔枝种植等）发展提供了坚实的后盾保障。

以上诸多优势为广东荔枝产业高质量发展打下了坚实的基础，然而广东荔枝产业也存在着诸多问题，一定程度上为失管荔枝园的形成埋下了隐患。

1. 山地果园占比偏大

王慰祖等（2012）对茂名、湛江、潮州、揭阳、汕头的21个荔枝园、龙眼园的实地调研发现，平地果园仅有5个，山地（或坡地）果园有16个，占比达76.2%。向旭（2020）对广东荔枝产业技术主要短板的分析中也有过类似的报道："广东荔枝多为山地种植，具有坡度大、碎片化、郁蔽化、管理难到位等特点，影响了机械化水平的提升。"

2. 从业者组成

齐文娥等（2019）对粤东、粤西、粤中的13个县（市、区）167个村370个荔枝种植户的实地调研发现，广东省荔枝种植户普遍以受教育程度偏低的中老年人为主。受访荔枝种植户中年龄在45岁以上的占比90.6%，受教育程度在初中及以下的农户占比74.3%。

3. 果园规模普遍不大

齐文娥等（2019）的调研发现，广东省的荔枝种植以家庭经营模式为主，具备规模化经营的较少。受访荔枝种植户中荔枝种植面积在10亩以下的农户占比超过50%。

4. 品种问题

通常把6月以前成熟的荔枝品种归为早熟品种，6—7月成熟的荔枝品种归为中熟品种，7月以后成熟的荔枝品种归为晚熟品种

(苏钻贤等，2020)。相对于广西荔枝而言，广东荔枝有着较为明显的早熟优势，尽管如此，中晚熟品种依然在广东荔枝中占据主流，如黑叶、桂味、禾荔、糯米糍等，且10余年来受气候因素的影响，多数中晚熟品种的熟期层次并不明显，造成近百万吨中晚熟荔枝集中于6月中旬至7月中旬涌向市场，"果贱伤农""丰产不丰收"等情况屡见不鲜。

品种问题除了表现在熟期过于集中外，还体现在桂味、糯米糍等主栽品种产量波动严重。桂味、糯米糍品质极优，在广东有较长的发展历史，是广东的大宗荔枝品种，然而因品种本身有着成花难、易落果的缺点，加之近年来气候变暖等因素的影响，这两个品种的产量波动愈发明显。以2018年、2019年为例，2018年广东荔枝大丰收，而2019年减产40%，其中桂味、糯米糍等优质品种减产达80%以上（向旭，2020）。

5. 加工占比低

曾蓓等（2019）2019年报道，广东省用来加工的荔枝量仅占鲜果产量的8%左右，且主要以荔枝干、荔枝罐头为主，另有少量速冻荔枝、荔枝汁、荔枝酒等。

第二节　广西壮族自治区荔枝生产情况

广西地处北纬20°54′~26°23′，北回归线贯穿其中。广西荔枝的主产区分布在北回归线以南，大瑶山—莲花山以东的桂东南地区，其间河谷、平原、丘陵、台地交错，地势起伏缓和。此区域荔枝种植面积占全区荔枝种植总面积的90%以上，钦州、玉林两大"百万亩"级荔枝种植区便分布于此，吴仁山等（1986）[3]对该区域气候特点总结为"春季细雨促春蕾，夏季多雨供果大，秋天时雨壮秋梢，冬季少雨利成花"。除此之外，百色（右江、田东、田阳）等桂西南区域也有荔枝分布（李建国，2008）[32-34]。2020—2022年，广西荔枝种植面积基本保持在300万亩左右，为仅次于

广东的全国第二大荔枝产区,主栽品种有黑叶、禾荔、妃子笑、桂味、白糖罂、鸡嘴荔、灵山香荔等,近年来仙进奉、岭丰糯、冰荔等品种也有较好的发展(苏钻贤等,2020;陈厚彬和苏钻贤,2021;陈厚彬等,2022)。广西荔枝熟期为5月下旬至7月上中旬,根据陈厚彬、苏钻贤等对荔枝龙眼体系各综合试验站的调研及推算,2020年广西荔枝在5月、6月、7月3个月份上市产量比例分别为26.86%、64.43%、8.71%;2021年为22.30%、71.01%、6.6%;2022年为12.35%、79.58%、8.07%,根据推算,广西荔枝有六成到八成集中在6月上市,比广东荔枝上市期更为集中(苏钻贤等,2020;陈厚彬和苏钻贤,2021;陈厚彬等,2022)。

广西被称为"中国最大的果园",为全国消费者实现低成本"水果自由"作出了巨大的贡献(佚名,2020),广西荔枝更为明显,然而这些贡献的背后也夹杂着荔农的些许无奈。整体而言,广西荔枝较广东荔枝上市晚,且广东荔枝体量更为巨大,导致消费者往往是吃过广东荔枝之后才开始吃广西荔枝,朱建华(广西荔枝龙眼创新团队首席专家)曾总结道:"受限于地理位置,广西荔枝的'开盘价'往往是广东荔枝的'收盘价'。"① 地理位置对广西荔枝的影响还体现在消费市场巨大且高质量的"内需"市场保证了广东荔枝有市更有价,这是作为西部欠发达地区的广西所远远不及的。除地理位置外,果园立地条件差、面积小且碎片化严重,品种问题、从业者组成、加工占比等因素也对广西荔枝产业影响巨大。

1. 果园立地条件差

广西山多田少,粮田宝贵。20世纪八九十年代,为了在保证基本粮田的前提下推动林果经济的发展,"果树上山,不与粮田争地""再造一个山上玉林""再造一个山上钦州"等政策在广西各地陆续出炉。荔枝龙眼体系玉林综合试验站当前所覆盖产区为玉林北流市、兴业县、陆川县、容县及贵港桂平市,基本上均为山地果

---

① 《玉林日报》,2019年6月29日。

园,且坡度大部分在30°以上。钦州市灵山县农业科学研究所黄川所长也介绍,当前灵山荔枝种植面积共41.83万亩,绝大多数为山地果园,且其中坡度30°以上的果园占比超过70%。

2. 果园面积小且碎片化严重

根据2020年对钦州钦北区、浦北县及玉林博白县、北流市、容县5个典型的广西荔枝产区461户荔枝种植户的调研访谈(虞小保等,2021),80%以上的果农种植规模在20亩以下,50%以上农户种植规模在10亩以下,且全部连片的较少,多数地块不足1亩。

3. 品种问题

1986年,广西壮族自治区党委和政府发布了《自治区党委、自治区人民政府关于加快发展水果生产的通知》文件,此后的10余年间广西荔枝产业迎来了大发展。这一时期恰逢改革开放之初的短缺经济时代,因此品质一般但丰产稳产性较好的禾荔、黑叶成为果农的首要选择,据朱建华等(2021)报道,禾荔、黑叶的种植面积一度达广西荔枝种植总面积的80%左右。近年来,荔枝龙眼体系专家针对禾荔、黑叶占比过大、产期过于集中的问题,逐步开展品种结构调整,桂味、仙进奉、岭丰糯、贵妃红、草莓荔、无核荔、冰荔、妃子笑、鸡嘴荔等区内外优新品种占比逐步提高,荔枝品种结构失衡的问题得到了一定的缓解。然而,目前黑叶与禾荔仍占有较大比例。以素有"中国荔枝之乡"之称的北流为例,据刘向东和宁丰南(2013)报道,黑叶、禾荔等中熟普通品种占比81.8%。

4. 从业者组成

2020年对钦州钦北区、浦北县及玉林博白县、北流市、容县5个典型的广西荔枝产区461户荔枝种植户的调研访谈(虞小保等,2021;肖佳鹏等,2022)显示,从业者拥有高中及以上学历者不足三成,60岁以上的农户接近五成,50岁以上的农户占比则超过了八成。荔枝与龙眼种植区域基本重合,其从业者组成基本一致。梁碧云对贵港龙眼产业的观察也描述了类似的情况(梁碧云,2016),"传统种植业已经不能满足年轻农民的要求,一些以种植

业为主的果农开始了外出务工或转做其他工作。"

5. 加工占比少

广西荔枝加工比例极小,加工产品也多以初级加工产品为主,如荔枝干、荔枝罐头。荔枝干的加工多属鲜果滞销之后的权宜之计,且普遍以太阳晾晒兼小作坊的形式生产。以素有"荔枝之乡"美誉的钦州灵山县为例,据刘金榕(2023)报道,灵山县是全国第二大荔枝种植大县,荔枝种植面积约41.25万亩(2.75万hm^2),产量约15万t,然而年加工鲜果能力仅1万t左右,不足总产量的10%,产品以果脯、荔枝干、荔枝蜜、荔枝饼、荔枝茶等初级加工品为主。

第三节 海南省荔枝生产情况

海南省荔枝分布在海南岛,海南岛地处北纬18°10′~20°10′,全岛长夏无冬,年平均气温23.2~25.9℃,最冷月1月平均气温17.5~21.7℃,有"天然大温室"之称(吕润等,2021)。海南岛各地均有荔枝分布,陈厚彬等(2022)报道,全岛荔枝种植面积约32万亩,主要分布在海口、文昌、安定、陵水、万宁、琼海、澄迈等地,其中以海口最多,占荔枝种植总面积的30%。由于纬度低,气温偏高,全岛以花芽生理分化需冷量偏低的荔枝品种为主,最多的是妃子笑,约占种植总面积的90%;其次为白糖罂,约占5%;其余为紫娘喜、无核荔、三月红、桂早荔(又称桂花香)等。陵水县、乐东县3月份即有少量桂早荔上市(王秋萍,2022),4月中下旬全岛开始有妃子笑批量上市,海南是我国荔枝上市最早的产区,早熟优势明显(丁莉等,2021)。

海南岛作为"天然大温室",使得海南荔枝具备了早熟早上市的巨大优势,然而,这也意味着海南冬季低温不足,多数优良荔枝品种难以在海南完成花芽生理分化,可商品化的品种过于单一,从而导致以下两个问题。一是生态单一,针对妃子笑的虫害、病害造

成的隐患巨大,易造成全岛性的荔枝产业风险。二是产期过于集中,价格波动明显,以 2019 年海口妃子笑价格为例(丁莉等,2021):2019 年 4 月 25 日妃子笑开始零星上市,由琼山区三门坡镇发货,价格为 9.0~12.5 元/kg;5 月初开始大量上市,价格旋即跌至 2.5~4.5 元/kg;随着广东妃子笑上市,5 月中旬时价格已跌至 2.1~3.0 元/kg。除此之外,海南荔枝还面临着以下问题。一是散户多,产业现代化程度低,人工依赖程度高,种植成本随人工水涨船高。海南荔枝约有 30%为企业、合作社及大户经营种植,其余则以家庭小规模分散经营为主,标准化、机械化的现代种植模式程度低,人工依赖程度高。人工成本是包括土地租金、农资在内的最主要管理成本,近年来逐年上涨,以人工喷药成本为例(丁莉等,2021),2016 年为 120 元/(人·天);2017 年为 130 元/(人·天);2018 年为 140 元/(人·天),部分地区则高达 150 元/(人·天)。二是加工能力弱。海南荔枝主要以鲜销、鲜食为主,加工量不及总产量的 0.1%,产品也主要以荔枝干、荔枝酒等初级加工品为主(胡福初等,2020a)。

第四节 云南省荔枝生产情况

云南省位于北纬 21°8′~29°15′,境内高山河谷纵布,以云岭山脉—元江河谷为界,大致分为滇西、滇东两部分,云南荔枝则主要分布在北纬 25°20′以南,海拔 1 000 m 以下的滇西低热河谷地带,种植面积基本保持在 10 万亩左右,品种有三月红、妃子笑、褐毛荔、水东、大红袍(又称大造)、贵妃红、桂味、马贵荔等,产期为 4 月中旬至 9 月上旬,主要分散在 4 月、5 月、6 月、7 月(苏钻贤等,2020;陈厚彬和苏钻贤,2021;陈厚彬等,2022),产期并不集中。红河州屏边县荔枝种植面积最大,占云南荔枝种植总面积的 50%(左艳秀等,2016;赵萌等,2018)。云南荔枝的分布与熟期明显受到纬度与海拔的双重影响:一是红河州屏边县等低纬

度、低海拔地区的荔枝熟期能够与海南荔枝不相上下，德宏州盈江县等高纬度、高海拔地区的荔枝熟期则能与四川合江、福建霞浦相媲美；二是同一地区不同海拔可以分布不同熟期的品种，红河州屏边县海拔 200～1 000 m 的低热河谷地带热量资源十分丰富，适宜在不同海拔种植不同熟期的品种，德宏州盈江县 5 月下旬有特早熟的三月红上市，7 月上旬有早熟的妃子笑上市，9 月上旬有特晚熟的马贵荔上市（向旭，2020）。受纬度、垂直气候带的双重影响，云南荔枝不但能够抢占极早熟、极晚熟市场，也能够延长荔枝供货时间，减少集中上市所带来的销售压力。

垂直气候带种植是云南荔枝种植的特点，更是优势，但同样也是云南荔枝产业进一步发展的桎梏。滇西山地、河谷众多（左艳秀等，2016），绝大部分荔枝种植在坡地、山地。除此之外，"千家万户"的经营模式（向旭，2020）、褐毛荔（品质较差）占比过大（左艳秀等，2016）、加工业落后（赵萌等，2018）等也是制约云南荔枝产业发展的重要因素。

第五节　四川省、重庆市、贵州省荔枝生产情况

四川省与重庆市的荔枝宜栽区同处海拔 400 m 以下的川江河谷带，川江河谷带分布在北纬 29°附近，受河谷两岸高山屏蔽及长江水体的调节，该区域虽不及海南、广东、广西、福建有充沛的年度积温，热量资源却比同纬度的其他地区要丰富，且极端低温的均值基本在 0 ℃以上，基本能满足荔枝正常生长的需求，是一块较为适宜荔枝生长的"飞地"，也是我国荔枝分布的北缘，具有明显的晚熟优势（周宝同，2000）。四川省荔枝主要分布在宜宾市至泸州市合江县沿江河谷地带，位于攀枝花的金沙江干热河谷地带（许坚，1994；杨从金，1992），岷江下游沿岸的乐山也有少量荔枝分布，大规模连片经济种植区则主要分布在泸州市合江县境内。重庆市荔枝主要分布在涪陵区、江津区、永川区、丰都县，种植面积约

第二章 我国部分省区市荔枝生产情况

9 750亩（唐大成等，2023）。贵州省荔枝主要分布在赤水市海拔400 m以下的赤水河、习水河下游河谷地带，与四川合江县荔枝大体分布在同一生态区。望谟县、册亨县海拔400 m以下的南盘江、北盘江下游河谷地带也有零星分布。据农业农村部农垦局统计（庄丽娟和邱泽慧，2021），2019年贵州省荔枝种植面积为6 000亩（400 hm^2）。

泸州市合江县是川江河谷带荔枝的核心经济种植区，截至2020年，全县共有荔枝种植户6.4万户，荔枝种植总面积30.6万亩，投产面积17万亩（薛也，2021），投产面积占川江河谷带荔枝投产面积的90%，品种以大红袍、妃子笑、绛沙兰、带绿等为主（其中大红袍占50%以上），成熟期为7月中旬至8月中旬。合江县位于长江与赤水河交汇处，距离海关、机场、铁路、高速等重要交通设施均约为48 km，交通运输优势明显。销售市场以泸州本地及重庆、成都、贵阳等大中城市为主，主栽品种大红袍市场表现尚好，然而与带绿等优质品种相比则差距明显。2019年本地大年时节，大红袍销售价为10~16元/kg，带绿则为60~100元/kg；2020年本地小年时节，大红袍销售价为20元/kg以上，带绿则为160~240元/kg（王燕等，2021）。合江县荔枝投产面积仅占全县荔枝种植面积的55.6%，未投产部分主要为种植不久的优新品种及大红袍改良后尚未投产的荔枝园。近年来，泸州市农业科学研究院陆续从广东、广西、海南等地引进了仙进奉、井岗红糯、岭丰糯、凤山红灯笼、冰荔、妃子笑、红绣球、马贵荔等优新品种，一定程度上推动了当地的荔枝品种结构的改良（王燕等，2021；丁晓波等，2019；李于兴等，2017；丁晓波等，2016）。

除品种结构外，自然禀赋差、荔枝分布碎片化、从业者组成等也深刻地影响着合江的荔枝产业。

①自然禀赋差。合江县位于大娄山褶皱北缘与川东岭谷区向西南延伸的尾部之间广大平岩层地带，县域低中山谷地貌占总面积的90%以上（李莎，2021）。除山地面积过大外，部分种植区因海拔

· 13 ·

过高或远离水体而时有发生的冻害也是制约当地荔枝产业发展的重要因素。

②荔枝种植区分布碎片化明显。合江荔枝种植区的碎片化分布主要体现在两个方面，一方面是经营者种植规模小，当前合江县荔枝种植户平均种植面积仅约 4.8 亩（30.6 万亩/6.4 万户），户均投产面积仅约 2.7 亩（17 万亩/6.4 万户）（王燕等，2021）；另一方面则是缺乏同一品种大面积连片种植区，合江县荔枝分布杂乱，通常一个村甚至一户就有数十个荔枝品种，品种繁多造成采收不同步，批量上市难度大，即便是已颇具规模的大红袍，也常因过于分散而使销售商无从下手。2019 年凤鸣牌坊荔枝合作社与永辉超市签约每天供应 5 000 kg 荔枝，然而仅供货 3 天，就因难以完成供货量而不得不提前终止合同（薛也，2021）。

③从业者以中老年人为主。当地荔枝种植从业者多由中老年人组成，此类从业者在管理果园及更新管理知识时往往有心无力，目前当地仅有 35% 的从业者精心规范管理，其余多为粗放管理甚至基本不理（罗永强，2021）。

第六节　福建省荔枝生产情况

福建省素有"八山一水一分田"之称，西与江西交界处有武夷山脉，北与浙江交界处有仙霞岭，省内则分布着太姥山、鹫峰山、杉岭、戴云山、博平山、玳瑁山等。群山环绕加之境内峰峦叠嶂的地形有效地阻挡了北方冷空气的南下，兼有东南沿海暖湿气流的助攻，福建省南亚热带气候带的北限在北纬 26°附近（福州北峰处），福建省的荔枝适栽区也主要分布在北峰以南的福州、莆田、泉州、厦门、漳州等地的沿海或近海区域（李智君和李承哲，2020；王加义等，2011）；福州北峰至宁德霞浦之间则是福建荔枝种植的边缘地带与生态敏感区，其间因山体、大海等所形成的小气候区域也有少许荔枝分布，如宁德市的霞浦县、蕉城区等。根据陈

厚彬等（2022）的报道，福建省荔枝种植面积约21万亩，其中九成左右分布在漳州，品种以黑叶、兰竹、双肩玉荷包为主（黑叶占50%以上），成熟期主要在6月上旬至7月中旬，且七八成的产量集中在6月。

近年来，漳州荔枝市场呈现出冰火两重天的局面，据《闽南日报》2021年7月22日报道，黑叶、兰竹经济效益下滑严重，黑叶的收购价甚至降至1元/kg，龙海区九湖镇部分荔枝园已经开始出现丢荒弃管现象，然而，与之截然相反的却是一些高接换种了仙进奉、岭丰糯、观音绿等优新品种的果园——2021年漳州仙进奉、岭丰糯收购价格普遍保持在100元/kg，观音绿更是达到了200元/kg。仙进奉、岭丰糯、观音绿等品种价格高一方面与品种本身的品质、熟期密不可分，另一方面则与本地待改良品种砧穗亲和性弱导致高接换种成活率低有关。以黑叶、双肩玉荷包为砧木，以仙进奉、岭丰糯、观音绿、糯米糍、井岗红糯为接穗的情况下，砧穗亲和性较弱，嫁接成活率较低（朱建华等，2020）[128]（胡桂兵和黄旭明，2018）[70]。另外，熟练嫁接工缺乏也是品种改良速度慢的重要原因之一，《闽南日报》2021年7月22日报道："晚熟荔枝少的一个重要原因是漳州荔枝嫁接技术人才较为匮乏，部分农户改种晚熟品种需从广东、广西等地引进嫁接技术人才。"除了品种及高接换种技术因素外，散户过多造成的生产销售组织化程度低、保鲜难造成的采收运输及货架时间紧迫、深加工滞后等也是造成漳州荔枝产业现状的重要原因。

第七节　台湾省荔枝生产情况

台湾省荔枝主要分布在台湾岛，台湾岛地处北纬21°54′~25°18′，2012年全岛荔枝种植面积约18.2万亩，其中，约49%分布在南部地区（高雄市、台南市、屏东县），约47%分布在中部地区（苗栗县、台中市、彰化县、云林县、南投县、嘉义市），约

2.4%分布在北部地区（新竹县市、宜兰县等），约1.0%分布在东部地区（花莲县、台东县）（马帅鹏等，2012；向旭等，2012）。台湾省主要荔枝品种有黑叶、玉荷包（即大陆的妃子笑）、糯米糍（即大陆的桂味），其中黑叶种植面积占种植总面积的79%，玉荷包种植面积约占14%，糯米糍种植面积约占1.2%，三月红、沙坑种、台农1号（翠玉）、台农2号（旺荔）、台农3号（玫瑰红）、台农4号（吉荔）、桂味（即大陆的糯米糍）、禾荔等共约占5.8%。

台湾省的三月红从4月初即可在高雄、屏东上市，台农4号在中部地区可以延迟至8月上旬上市（向旭等，2012），理论上台湾荔枝产期可持续4个月之久，然而由于黑叶、玉荷包两大主栽品种合计占种植总面积达90%以上，尤其是仅黑叶一个品种就占79%，因此台湾荔枝产期实则极其集中，南部高雄的玉荷包通常5月中旬开始上市，中部的黑叶通常6月中旬上市，上市期其实不足两个月（庄丽娟等，2009；张哲玮等，2009）。高接换种是解决品种结构单一最常用的方法，然而，黑叶作为待改良品种，与其砧穗亲和性较好的优新品种有限，这直接增大了高接换种的技术难度与成本，这与福建荔枝的困境颇为相似。除品种结构问题外，荔枝产业交流不充分也是制约台湾荔枝产业发展的重要因素，广东省农业科学院、华南农业大学、广西壮族自治区农业科学院等单位近年来选育的新品种（如仙进奉、岭丰糯、井岗红糯、冰荔、观音绿、贵妃红、草莓荔、桂早荔等）在大陆各荔枝产区均有引种、试种及投产的报道，然而迄今鲜有见到台湾地区有相关的报道，台湾选育的品种在大陆也鲜有引种、试种的报道。交流不充分的另一个证据则是台湾与大陆在常见大宗品种上也存在着明显的同种异名、同名异种的现象，如台湾的玉荷包其实是大陆的妃子笑，台湾的妃子笑实则另有所指，台湾的桂味实则为大陆的糯米糍，而台湾的糯米糍却是大陆的桂味（向旭等，2012）。

第八节 浙江省荔枝生产情况

　　浙江荔枝主要分布在温州市苍南县马站镇，该镇位于北纬27°14′~27°18′，处于浙江最南端，浙闽交界处。马站镇东南面海，西至西北面有鹤顶山阻挡冷空气南下，从而形成独特的区域小气候。马站镇年平均气温18 ℃，最冷月份平均气温8 ℃，极端最低温度 -2.1 ℃，全年无霜期长达288天，是浙江唯一具有南亚热带气候特征的地理单元，有"浙江小昆明"之称（李发勇等，2021）。目前马站镇荔枝种植面积约有1 000亩，品种有元红、糯米糍、桂味、无核荔等，7月下旬至8月初大量上市。据当地媒体苍南新闻报道，马站镇荔枝基本处于供不应求的状态，往往尚未采摘上市，便被订购一空，价格普遍在100元/kg左右。

　　马站镇荔枝种植收益丰厚，当地政府、果农对荔枝种植的投入积极性很高。据苍南新闻2022年4月29日报道，2020年苍南县针对丘陵山区作业的农机购置补贴比例为40%，2022年则提高到了70%以上。苍南县乡兴荔枝种植基地在安装轨道及单轨运输车之前，运送肥料完全依靠人工，运送一次肥料往返要50 min，一天最多运送5次。2020年该基地铺设了285 m轨道，购进了单轨运输车，原来需要10个人才能完成的工作，现在1个人就能完成，在人工费用大大降低的同时提高了工作效率，基地负责人范则信表示将继续加大对轨道的投入。除了投入省力化设施外，部分果园还采用了大棚种植，一方面能够降低寒害、冻害风险，另一方面能够调整熟期抢占市场先机。苍南县厥林水果种植园有20多亩大棚种植的荔枝，采收期比露天种植的提前10天左右。

第三章 世界主要荔枝出口国生产概况

2019年在越南河内举办的第六届龙眼和荔枝国际会议上，国际园艺协会（ISHS）代表指出（禾本，2019），全球最大的荔枝出口国为马达加斯加，其荔枝出口量占全球荔枝出口总量的35%，其后依次为越南（19%）、中国（18%）、泰国（10%）、南非（9%）。

据李建国（2022）[4-7]报道，马达加斯加荔枝采收时节为11月中旬至翌年1月底，且90%以上出口至法国、荷兰、比利时等欧洲国家，少量出口至美国、加拿大及非洲大陆国家；南非荔枝采收季节为10月下旬至翌年3月上旬，99%以上的荔枝出口至欧盟国家，仅有少量出口至加拿大、中国香港等地。因此，马达加斯加、南非全球荔枝出口总量占比虽大，却与中国荔枝不构成明显的竞争关系，对我国荔枝产业的直接影响暂时并不明显。

与处在南半球的马达加斯加、南非不同，同处于北半球的越南、泰国对我国荔枝产业影响明显，其中尤以越南荔枝对我国荔枝影响最为巨大。越南北接我国云南、广西，4月下旬即有荔枝开始上市，且主要出口对象为中国。2011—2015年的数据显示，越南荔枝在我国市场逐渐强大（齐文娥等，2016），主要表现在入市时间持续提前、上市种类持续增多、市场份额深入内地市场等。2015年，沈阳、北京、郑州、长沙、广州、成都、重庆、南宁、合肥、南京、嘉兴、上海12个城市中，除广州外的其余11个城市均有越南荔枝批量销售。在成都市场，一旦越南荔枝批量上市，国内荔枝则成为批发市场的小众产品。据董朝菊（2018）报道，2018年越

第三章　世界主要荔枝出口国生产概况

南出口荔枝9.2万t（鲜荔枝7.5万t、荔枝干1.7万t），其中8.35万t出口至中国，占出口总量的90.8%；2019年中国进口鲜荔枝共6.7万t，其中有6.6万t来自越南，占鲜荔枝进口总量的98.6%。作为我国最主要的荔枝进口国，越南在为我国提供大量廉价荔枝的同时势必会对我国本土荔枝产业造成一定的冲击，越南荔枝日益成为我国荔枝产业最大的竞争对手（陈厚彬，2018），对我国荔枝产业的影响不容小觑。

　　越南地处北回归线以南，北纬8°10′~23°24′，据李建国（2022）[4-7]报道，2018年越南荔枝种植面积87.45万亩，产量38.06万t，次于中国、印度，位列世界第三。越南荔枝约66%分布在北江、海阳两省，其余分布在兴安、永福、广宁、谅山、太原等省，主栽品种Thieu约占总面积的82%，其余主要为一些早熟品种，4月下旬即有首批荔枝上市，比我国荔枝早约20天，广受我国水果客商青睐。越南荔枝55%~60%用于鲜食，其余用于果汁、罐头等的加工。除具备较早上市及加工比例较大的优势外，越南荔枝产业还具有以下优势。一是自然资源禀赋条件优越。据陈风波（2012）、庄丽娟和罗洁（2012）报道，越南具有独特优越的地理条件和气候资源，荔枝单产水平较高。二是利好的国际贸易政策。"早期收获计划"下中国与东盟水果双边贸易的零关税政策、"一带一路"倡议下"五通"之一的贸易畅通、中越"两国一检"便捷的通关模式等（佚名，2018），使得越南荔枝可以较低的成本快速来到中国人的餐桌。三是政府重视。为了使越南荔枝更好地外销世界各地，越南科学技术部对荔枝签发了在中国、韩国、日本、新加坡、澳大利亚、老挝、柬埔寨共计7个国家生效的品牌保护证书（佚名，2018）。四是相对低廉且充裕的劳动力。据黄氏水仙（2019）报道，越南农业劳动力人口占总人口的70%以上，且平均劳动力年龄为20~40岁，劳动力非常丰富且价格相对低廉。

第四章 失管荔枝园成因分析

通过对全国各荔枝产区，尤其是广东、广西两大产区概况的分析，发现各产区普遍存在果园立地条件差、从业者年龄偏大且专业技能不够、果园规模普遍偏小且碎片化明显、品种结构不合理、加工占比低等共性问题，这些问题在不同程度上影响着当地荔枝产业的健康发展。除此之外，荔枝文化在全球范围内影响力孱弱以及国际荔枝产业的竞争对我国荔枝产业的影响也不容忽视。

第一节 荔枝文化在全球范围内影响力不强

与柑橘、苹果、葡萄等全球性水果不同，荔枝多为产地消费，消费群体主要为亚洲人，鲜果国际贸易量占全球荔枝总产量仅为2%~3%（齐文娥等，2016）。消费群体的局限性及鲜果全球贸易量小可能与两个因素有关。一是荔枝树对低温较弱的耐受能力及荔枝花芽分化对温度的苛刻要求使得荔枝主产区仅分布在南、北纬18°~24°，限制了荔枝在全球范围内的种植与传播，使荔枝天然少了群众基础。二是荔枝鲜果极易变质的特性大大限制了其贸易半径。荔枝消费市场的局限性的确与树种本身对环境的苛刻要求及果实不耐储运有着重要的关系，但同时也与荔枝文化在世界范围内影响力孱弱密不可分。

消费者对荔枝的了解不够深入，甚至存在不少误区。我国北方人知道荔枝，但多数北方人提起荔枝则言必称妃子笑、桂味，并不知道还有糯米糍、观音绿、仙进奉、井岗红糯、冰荔、岭丰糯等诸多优良品种；荔枝品种不同，则果肉质感、酸甜程度、香气、风味

第四章 失管荔枝园成因分析

等均会存在明显的差异，然而多数北方消费者对荔枝的评价却主要集中在果皮颜色、果实大小、果核大小、是否焦核等；吃荔枝会"上火"的讹传深入人心，以至于会有"一把荔枝三把火"的说法，以及"吃荔枝，必把荔枝壳煮水来喝，以防止上火"的所谓民间偏方。在消费群体的区域性强加之荔枝文化影响力羸弱的情况下，增产未必意味着增收，反而会带来销售的困难、果农收益的降低，打消果农积极性，从而促使失管荔枝园的形成。

第二节 国际竞争

世界范围内生产荔枝的国家和地区主要有中国、印度、越南、泰国、马达加斯加、南非、以色列、澳大利亚、毛里求斯等，其中越南对我国荔枝产业的竞争最为明显，泰国其次。越南、泰国的荔枝凭借早上市、地缘近、政策利好、劳动力成本较低等诸多优势，对我国荔枝市场的挤压预计还将进一步加强。海南是我国妃子笑上市最早的产区，然而为了抢占市场先机，不得不售卖荔枝青果（果皮大部分为绿色或仅有少部分为红色的荔枝），更遑论其他产区。据海口日报微信公众号 2020 年 5 月 13 日的报道，海口市琼山区三门坡镇石婷产销专业合作社 4 月 20 日开始向内地城市发送荔枝青果，20 天的时间内发货超过 120 万 kg。

第三节 果园立地条件差

果园立地条件差主要表现为山地果园占比过高。根据荔枝龙眼体系 2013 年的调查（陈厚彬，2017），我国坡度 5°~20°的荔枝和龙眼园占 52.2%，坡度 20°以上的荔枝和龙眼园占 30.7%。荔枝本就主要分布在山地众多的岭南一带，山地荔枝园占比大自然是与岭南多山的地貌密不可分，然而与荔枝产业的发展历史也有着重要的关系。20 世纪八九十年代，荔枝处于卖方市场，人们种植荔枝热

情高涨,"果树上山,不与良田争地""再造一个山上玉林""山上茂名""十年绿化广东、消灭宜林荒山"之类的政策在全国荔枝和龙眼适栽区陆续出台。山地果园在保障了基本农田的前提下发展了林果经济,但同时也成为林果经济进一步发展的"拦路虎"。山地果园的路、水、电等基础设施的建设、运维成本高,省工、省力化机械使用难度大,灌溉、喷药、施肥等日常管理环节几乎完全依赖人工,不但成本高,而且效率低、效果差,容易错过关键物候期及病虫害防治的最佳时机。改革开放初期百工百业百废待兴,荔枝种植面积有限,加之人工低廉,建在山地上的荔枝园自是有利可图。随着荔枝种植面积逐年扩大,市场逐渐饱和,人工成本逐年上涨,山地果园的管理成本也随之水涨船高,荔枝行情更是由卖方市场转变为买方市场,管理者盈利困难,甚至入不敷出,果园弃管失管在所难免。

第四节 果园规模普遍偏小且碎片化明显

"人均一亩三分地,户均不过十亩田"的小农经营模式长期以来都是我国农业发展的基础,第三次全国农业普查数据显示,截至2016年我国小农户登记数量达到2.03亿,占全国农业经营主体的98.1%(肖佳鹏等,2022)。小农经营模式不但是我国农业发展的现状,恐怕在未来很长一段时间内都将是我国农业发展不得不面对的现实。

根据荔枝龙眼体系2009年的一项调查(齐文娥等,2016),我国荔枝园平均规模约19亩,10亩以下的荔枝园占比高达70%。种植规模小意味着果农依靠种植荔枝赚取收入的天花板较低,与其从事第二、第三产业形成明显的差距,果农为了生存不得不兼业,甚至索性弃园转业。翟雪玲(2009)根据广西水果办提供的数据计算得出,2002—2006年,广西荔枝每亩毛收入依次为556.01元、701.54元、329.11元、370.95元、404.95元;根据荔枝龙眼

第四章 失管荔枝园成因分析

体系固定观测户调研数据(隋博文和王付存,2016),2011年、2013年、2014年广西荔枝每亩利润分别为622.8元、778.71元、651.4元。暂不考虑通货膨胀等因素的影响,以户均种植面积10亩粗略计算,2002—2006年及2011年、2013年、2014年共8年间,种植户种植荔枝年利润仅介于3 291.1~7 787.1元(实际年利润应更低,因翟雪玲计算所得出的数据仅为每亩当年毛收入,而非每亩当年利润),种植面积低于10亩的,则收入更少。果园规模小还会导致因产量少,不够批量销售;不便于外地客商收购运销,只能低价兑给本地"中间商",从而进一步压缩果农的收入空间。收入的减少势必导致果农积极性下降,行业进入恶性循环,从业者不断流失,果园失管日趋严重。

果园规模小、分散程度大不但体现在单个果园面积小、小种植户众多,还体现在20世纪"分田到户"的过程中为追求"公平、平等、合理"的分田方式而导致同一种植户的果园分散在不同的山头,同一个山头分散着"千家万户"的果园。不同的农户对荔枝种植收入的依赖程度、生产投入程度自是不尽相同,同一片山头中必然同时存在着"零管理"与"精耕细作"的果树。"零管理"的果树长期无人打理,必然滋生病虫害,成为整个果园病虫害蔓延的源头,即便"精耕细作"的果树也会因为与"零管理"的果树处于同一片山地而难逃噩运。久而久之,这种"千家万户"式的果园就会因为"零管理"果树的存在而提高其他果树管理的难度与成本,进而加大整片山头果园失管的概率。卢美英等(2007)曾描述过这样的情况,一个农户有70株荔枝树,分布在4处不同的缓坡上,最少的一处仅有5株,最多的一处有28株,且这28株树体高大、树冠郁蔽、病虫害滋生严重,分布在坡脚到坡顶的一条直线上。当被问及为何不加以管理时,主人回答道:"我剪人家不剪,人家的树不就长过来抢我的地盘。光是我杀虫,人家树上的虫一样飞过来,杀也没有用。"

第五节　从业者老龄化且专业知识储量不足

传统涉农类行业普遍存在着从业者老龄化的问题，大专院校涉农类专业的热度也往往不如金融、计算机、建筑等。农业（尤其是传统种植业）作为第一产业，其直接创造财富的能力往往不如第二、第三产业，可容纳的就业及创造的税收也有限。当前，各个荔枝产区不同程度地存在着从业者老龄化的问题，这的确不利于荔枝种植业的发展，然而这恐怕也是荔枝种植业在未来很长一段时间内不得不面对的现实。

采用不同的农艺制度只是因时、因地、因阶段的选择，并无绝对的对错之分，受市场欢迎的品种也不可能万年不变。一个荔枝园能否可持续发展，不断地为果农带来良好收益，并不单纯取决于某种农艺制度、某个荔枝品种，而是更多地取决于从业者是否有足够的专业知识支撑他在经营的时候做到因地制宜，与时俱进。20世纪八九十年代，种植荔枝利润丰厚，鲜果收购价基本维持在10~15元/kg，在丰厚利润的推动下，"早结果、多结果"成为从业者的普遍追求。为了增加产量，密植禾荔、黑叶等高产稳产品种成为荔农的主流选择。然而，10余年后这些当年的"主流选择"却变成了如今"果贱伤农"的罪魁祸首，"摇钱树"也变成了令果农失望的"绿化林"。事实上，极端的密植与极端的稀植都有非常成功的案例，广东省东莞市大朗镇叶钦海先生种植的矮化妃子笑，密度达100株/亩，种植第四年便达到了亩产1 016 kg的记录（马建和陈思雀，2013）；广西玉林市陆川县清湖镇谢贤正荔枝园的妃子笑定植于1998年，种植面积约4亩，株行距3 m×4 m，密度约50株/亩，树高常年保持在2.3 m左右，年均亩产量稳定保持在2 000 kg左右；广东省广州市从化区一个面积3亩，不足10株树的百年老荔枝园，亩产达4 000 kg左右（陈厚彬，2010）[120]。由此看来，单纯地将"果贱伤农""绿化林"归咎于种植密度显然是不

合适的。当处于卖方市场时,为追求早结果、多结果而密植高产稳产的品种本无可厚非,但也要科学管理,及时根据市场变化改良品种才能实现持续的稳产高产。

荔枝树很长寿,除极个别寒冷月份外,基本上可以实现周年生长。密度为 26~33 株/亩的荔枝园,一般在种植 11~13 年后开始封行;密度超过 40 株/亩的荔枝园,10 年之内就会郁蔽(李建国,2022)[244]。解决荔枝园郁蔽问题要根据实际情况采用隔株间伐、隔行间伐、随机间伐等间伐方式,配套以开心形、自然圆头形等树形以及疏枝、回缩、短截、摘心、拉枝等修剪方法对其进行改造。荔枝种植业从业门槛儿不高,然而想要种好荔枝却有一定的技术难度。笔者在玉林曾多次见到果农因担心影响产量而不舍得或不懂得间伐,从而导致树体直立形似桉树、喷药、采果难度加大,果园最终发展成"绿化林";也常见到因错误地采用了经验性的修剪方法而回缩了壮年结果树,从而导致树形紊乱、枝杈徒长、无花无果,久而久之荔枝园便被抛荒失管。从业者因专业知识匮乏而导致果园失管的情况一定程度上与翟雪玲的调查结果相吻合(翟雪玲,2009),翟雪玲对广西崇左市大新县、扶绥县、灵山县的 120 名留村劳动力调查发现,67.42%劳动力文化程度为初中及以下,中专及以上文化程度的劳动者仅占 1%。目前看来,多数从业者的知识储备并不足以支撑其在经营时做到"因地制宜,与时俱进",这与多种因素的综合作用有关,如:荔枝种植业天然扎根在农村且从业门槛不高;果园面积普遍偏小,荔枝种植收入占家庭总收入比例小,荔农智力投入动力不足;中老年人学习新知识的能力及动力不足等。

第六节 荔枝品种结构不合理

荔枝品种结构不合理主要体现在两个方面:一是全国范围内荔枝熟期主要集中在 6 月中下旬至 7 月上旬,尤其是广东、广西两大

· 25 ·

荔枝产区;二是黑叶、禾荔、大红袍等低效益品种在部分产区占比过高。品种结构不合理一方面导致荔枝上市期过于集中,短时间内出现供过于求的局面,从而导致价格暴跌,果农入不敷出;另一方面则直接造成果实品质不佳,售价低迷,从而导致荔农管理积极性不高,直接提高了果园失管的概率。导致荔枝品种结构不合理的因素有很多,如地理因素(纬度、海拔等)、果农从众心理、产业发展初期可供选择的优质品种有限等。地理因素对于果农选择荔枝品种有着天然的影响,充分而恰当地利用地理特点有助于发挥品种的优势,由此对荔枝品种结构带来的影响多是积极而正面的,如妃子笑荔枝在海南占比高达90%;对荔枝品种结构起负面影响的因素多由果农的从众心理所造成。

广西北流素有"中国荔枝之乡"的美誉,10余年来荔枝种植面积基本保持在50万亩左右,主栽品种禾荔、黑叶曾占比六成以上,果实品质一般,加之上市期过于集中,时常出现供过于求的局面,"荔枝烂在枝头无人采摘""果贱伤农"等新闻一度频频见诸报端,果农积极性受到严重打击,不少果园因此处于失管或半失管的状态。2014年以来,玉林市农业科学院(荔枝龙眼体系玉林综合试验站)以北流等荔枝主产区为中心,在玉林引进了仙进奉、凤山红灯笼、井岗红糯、岭丰糯、观音绿、冰荔等荔枝新品种,新品种的引进迅速激活了当地荔枝产业,不少"僵尸"果园"换种还魂",重焕生机。然而,经笔者实地走访调研,新改良品种基本以仙进奉为主,甚至有果农不惜砍伐掉盛果期的桂味也要换成仙进奉,仙进奉逐渐一家独大。一个品种激活一个产业的同时,往往会将产业带入新的困境,很难讲仙进奉会不会走上禾荔、黑叶的老路。据笔者实地调研,2016—2023年,玉林地区仙进奉市场价已从80元/kg滑落至8~15元/kg,仙进奉价格滑落无疑与其面积增长过快有关。

品种对荔枝产业影响巨大,然而其背后所折射出从业者容易盲从的心态更值得深思。与新宠仙进奉形成鲜明对比的是旧爱桂味。

桂味荔枝品质极优,市场知名度高,然而该品种成花需冷量高,大小年严重,管理难度大。尽管如此,经过数十年的发展,桂味在玉林、贵港等地已颇具规模。桂味成花对气候条件要求苛刻固然是该品种的缺点,然而此"缺点"对部分产区而言却是不可多得的相对优势。除个别因小气候等因素形成的"飞地"外,贵港桂平市、玉林兴业县的北部是荔枝大面积经济种植的北缘,极适宜发展桂味等成花需冷量偏高的荔枝品种,尤其是随着全球变暖,广东茂名等主产区的部分果农已将桂味换种为妃子笑、仙进奉、岭丰糯等品种,使得桂平市、兴业县种植桂味的优势更加突显(朱建华等,2021)。玉林本地荔枝 5 月底陆续上市,以早熟品种妃子笑为主,持续时间约 10 天,中熟品种桂味则于 6 月中下旬才开始上市,妃子笑与桂味之间有 5~10 天的空窗期,且桂味成熟期恰逢夏至(夏至当天玉林民间有亲友相聚吃"香肉"、荔枝,喝荔枝酒的习俗),对桂味的行情十分利好。然而,近年来该地区桂味种植面积呈现减少趋势,且多被仙进奉所取代。

第七节 荔枝加工产业不够成熟

据齐文娥等(2023)报道,2022 年全国荔枝实际年加工量约 12 万 t,仅占全国荔枝总产量的 5% 左右。印度作为全球第二大荔枝生产国,其荔枝加工比例也很低。据庄丽娟和邱泽慧(2019)报道,2016 年印度荔枝种植面积 138 万亩,产量 58.3 万 t,主要以鲜销为主,加工率不足 2%。仅从加工占比而言,荔枝加工业貌似尚有巨大的潜力可以挖掘,然而就荔枝果实本身的特性、荔枝大小年的特性、当前加工工具的现状及主要中间产品品控等方面而言,荔枝加工业尚有多个瓶颈有待突破。

1. 荔枝果实更宜鲜食

荔枝营养丰富,鲜食味美,风味十足,古往今来有很多文献、民间传说、诗词歌赋与荔枝有关(王震红,2010)。人们对荔枝的

赞美也多是基于对荔枝鲜果的喜爱。白居易作《荔枝图序》有言，"若离本枝，一日而色变，二日而香变，三日而味变，四五日外，色香味尽去矣"。白居易虽是在描述荔枝果实离树后色、香、味儿的逐日变化，细品却不难发现其间流溢着对荔枝鲜果易变质的遗憾与惋惜，这种情愫与"夕阳无限好，只是近黄昏"所表达的感觉异曲同工——余晖灿烂，怎奈即将逝去，鲜荔味美，然而保质期实在太过短暂。因此，相比较于荔枝加工品而言，荔枝鲜果更受食客喜爱，也往往能为果农带来更多更直接的收益，荔枝加工也多属因销售困难而不得不采取的权宜之计，加工品多以荔枝干等初级加工品为主，加工方式多为小作坊加工或太阳暴晒。

2. 原材料来源不稳定

受品种、气候、管理投入程度等多种因素的影响，荔枝是一种大小年十分明显的水果，且极不耐贮存，广东、广西、海南等主产区的荔枝上市期主要集中在 5 月中下旬至 7 月上旬，仅一月有余。以荔枝鲜果作为加工业的原材料，成本高昂、加工周期短，大年时节需要在短时间内组织起大量的人力、物力，小年时节却往往无果可加工，机器、厂房等硬件投入也因荔枝产量的不稳定及上市的季节性而大大增加了使用的边际成本。由此来看，当前绝大多数荔枝品种实则不宜作为加工业的原材料。

3. 去皮、去核机器不够成熟

去皮、去核是多数荔枝加工品加工过程重要且通用的环节。曾蓓等（2019）对粤西、粤东荔枝龙头加工企业的调研显示，目前市场上荔枝加工品主要有：荔枝干果、干果肉类产品；荔枝果浆、果酱、果汁、罐头类产品；荔枝冻干类产品；荔枝果汁、荔枝酒类产品。除荔枝干果外，其余产品的生产过程都需要首先去皮、去核。目前已有不少荔枝去皮、去核的机器（或工具）被研制出来（程红胜等，2010；李长友等，2014；张林泉等，2005；李想，2018），然而由于种种原因，这些成果并没有被充分而有效地利用起来。胡卓炎等（2013）观察发现，荔枝罐头作为第二大荔枝加

工品，其去皮、去核工序仍然主要依靠人工完成，而荔枝果汁等加工品则存在去皮率低、果汁污染等问题；曾蓓等（2019）的调研显示，去皮、去核机实际操作成功率只有 60%，远远无法满足加工生产的需求；向旭（2020）对广东荔枝产业技术主要短板的分析表明，广东荔枝初加工过程中去核工序多依靠人力完成，进而造成荔枝灯笼肉、荔枝汁、荔枝片、荔枝干粉等中间产品的生产成本、效率、卫生状况等无法满足规模化生产的需要。

4. 荔枝汁褐变问题

荔枝汁营养丰富，有新鲜的荔枝果香，适宜直接饮用，也是荔枝酒、荔枝醋等高附加值产品的中间原材料，极具加工潜力。荔枝汁加工能够消耗大量的鲜果，对于缓解大年时节"果贱伤农"，保持荔枝价格稳定有直接的作用。然而，荔枝汁却极易在生产、储存的过程中因褐变而营养成分损失、风味变劣及出现浑浊沉淀等。导致荔枝汁褐变的原因众多且复杂（吴敏，2016），目前尚无较成熟的解决方案。

第五章　失管荔枝园问题的解决对策

失管荔枝园的形成是消费市场、国内外竞争、产业发展历史、从业者专业素养、果园规模、果园立地条件、荔枝品种结构不合理等多种因素综合作用的结果，单纯从具体的技术层面解决该问题无疑是扬汤止沸。若要釜底抽薪地解决失管荔枝园的问题，首先应该从荔枝文化、荔枝消费市场、荔枝产业组织化等层面入手，其次才是从具体的技术层面着手解决。

第一节　加强荔枝文化建设，培育消费市场

荔枝文化建设对荔枝消费市场繁荣、失管荔枝园重焕生机十分必要且重要。我国是茶叶、泡菜、酱油的原产地与最大出口国，然而世界范围内最流行的红茶品牌却不是中国品牌；韩剧中各式与泡菜相关剧情使韩国以"泡菜"闻名；日本寿司在全球开满分店的同时，日本某品牌酱油竟成长为全球最昂贵且知名度最高的酱油……与之情况相类似的还有猕猴桃、瓷器等。

2 000多年漫长的荔枝种植历史为我国孕育出了丰富多彩的荔枝文化，与荔枝有关的文学、民俗、传说、绘画、雕刻、戏曲、电影、文化节等不胜枚举（王震红，2010）。然而让人遗憾的是，我们并没有充分而有效地挖掘、建设、利用好这些文化遗产，时至今日，荔枝依然没有成长为世界性的水果，其主要消费群体仍然主要集中在亚洲，尤其是华人群体。近年来各主要产区都在进行着荔枝文化的建设，他们多以荔枝为载体，通过摄影展、品尝会、征文

比赛、拍卖会、学术研讨会等形式开展，或者与农业旅游、城市文化宣传、房地产宣传等活动合作举办（王震红，2010）。这些文化建设取得了一定的成效，如玉林北流荔枝、钦州灵山荔枝、海南火山口荔枝、广州增城挂绿荔枝、四川合江荔枝等近年来收获了一定的知名度，但是这些知名度是否带动了实际销量，提高了行业整体利润，笔者因暂无翔实数据，在此不置可否。

荔枝文化建设没有统一的实操标准，是一个根据实际情况不断探索、不断尝试、不断借鉴、不断改良的漫长过程。笔者认为，荔枝文化建设应长期坚持两个"有利于"和一个"避免"：有利于荔枝在其他族群、区域中的传播，拓展荔枝在全球市场的销售宽度；有利于加深国内消费者（尤其是北方市场消费者）对荔枝的了解，使珍稀名贵或有明显熟期优势的品种能够卖出昂贵的价格，大幅提高行业利润，提振行业信心；避免出现不利于市场的声音，及时引导、澄清市场中不实、片面、不科学的言论，为荔枝销售创造健康的市场环境。通过荔枝文化建设拓展荔枝在全球消费市场的宽度、全国消费市场的深度，避免出现不利于市场的因素才能推动荔枝产业的繁荣，才是失管荔枝园重焕新生的釜底抽薪之策。

第二节 提高荔枝产业组织化程度

果园规模的适度扩大是荔枝产业组织化程度提高的前提，高效的信息共享平台是荔枝产业组织化必不可少的基础设施，农民专业合作经济组织是当下实现荔枝产业组织化的主要手段。

一、适度扩大荔枝园规模，降低土地碎片化程度

广东、广西是我国荔枝的绝对主产区，两省荔枝种植总面积占全国荔枝种植总面积近九成。根据荔枝龙眼体系2017年对两地共943个荔枝种植户的实地调研（有效问卷904份）及齐文娥等对调研数据的分析报道（齐文娥和宋凤仙，2021），荔枝种植户种植规

模在 9~15 亩时，种植面积越大，荔枝的生产效率越高；土地碎片化程度对土地生产规模呈显著的负向影响，土地碎片化程度越大，荔枝种植土地效率越低。

农业适度规模经营是新时代提高农业生产效率和推动农业现代化发展的有效途径和必然趋势（李存贵，2020）。2017 年党的十九大报告首次提出了"实施乡村振兴战略"，对农户的经营效率更加重视。坚持依法自愿有偿原则，引导农村承包经营权的有序流转，鼓励和支持承包土地向专业大户、家庭农场和农民合作社流转，发展多种形式的适度规模经营。

二、加强荔枝信息共享平台的建设

荔枝生产、销售等信息共享平台是荔枝产销高度组织化得以实现的重要基础设施之一。报刊、广播、电视台、互联网都是建设信息共享平台的工具，然而这些工具普遍在信息的采集和输出的准确性、时效性上存在很大的短板，以致对于荔枝信息共享平台建设所起到的作用只是杯水车薪，久而久之便沦为形式。每到荔枝收获时节，总能同时听到两种不同的声音——南方的果农常因荔枝无人收购或收购价太低而索性任凭荔枝烂在枝头；北方的食客总觉得荔枝太贵，实现"荔枝自由"成本高昂。这在一定程度上就是信息共享平台不完善而引起的荔枝产销弱组织化，甚至无组织化而造成的。移动互联网的兴起与普及使得一个集普惠、深度参与、即时、双向于一体的荔枝信息共享平台成为可能。借助移动互联网搭建的荔枝信息共享平台仅依赖一部可联网的智能手机，具有参与成本低、即时性强、互动性高的优点，每个信息的获取者同时也是信息的生产者，在获益于平台的同时使平台受益，进而推动平台进入良性循环。

三、推动荔枝相关的农民专业合作社发展

农民专业合作社是在农村家庭经营基础上，同类农产品的生产

第五章 失管荔枝园问题的解决对策

经营者或同类农业生产经营服务的提供者、利用者,自愿联合、民主管理的互助性经济组织(范满志等,2010)。它能将规模小、实力弱、分散的农户联合起来,实现规模化、现代化经营,共同解决问题,维护共同的利益。我国荔枝园多为小规模、分散经营,在面对果园基础设施建设、荔枝规范化生产、市场拓展、外部竞争、先进技术落实时无法有效组织起来,甚至时常会产生恶性竞争,互相倾轧等内耗现象。荔枝相关行业协会的建立能够在一定程度上解决以上问题。

据柳春慈(2009)报道,惠州市惠东县荔枝种植面积约20万亩,荔农约4万户,户均种植面积仅5亩左右。全县荔枝产业一度处于分散化,甚至碎片化的经营状态,果园基础设施、管理方式、技术水平、营销手段千差万别,果农收入并没有随着产量的增加而相应增长,"果贱伤农"屡见不鲜。2003年3月,惠州市四季鲜绿色食品有限公司联合其他12户果农创办了惠东县四季鲜荔枝专业合作社。自成立以来,合作社在规范荔枝生产、提高保鲜贮藏水平、市场开拓等方面有效地推动了当地荔枝产业的发展。以市场开拓为例,合作社采用"瞄准大城市,主攻周边小城市,逐步拓展国际市场"的营销策略,把握市场动态,建立供应链。合作社开拓市场的具体形式有:一是通过展销会、博览会、互联网等途径宣传产品,提升产品知名度;二是不断建立完善销售网络,在北京、浙江、福建、深圳、西藏等各大农贸批发市场设立产品销售网点;三是邀请知名网络公司设计制作网站,将荔枝产品和创新加工信息发布到该网站,并将网站链接到全国农业信息网、广东农业信息网、阿里巴巴等各大网站。合作社通过以上方法成功吸引到众多客商,泰国、以色列、日本、俄罗斯等外籍客商纷纷上门订购荔枝。合作社对销售渠道的拓展,成功将千家万户分散经营的小果农与国内外市场连接起来,解决了小生产与大市场的衔接问题。2009年,合作社的农产品在本地市场销售(包括周边区县市场)仅占10%,省内市场(除本地市场外)销售占20%,省外市场销售占20%,

海外市场销售占 50%。

第三节 加强果农培训

加强果农培训主要从安全生产（运输）意识、市场意识、科学管理意识 3 个方面着手。其中，安全是底线，市场是指挥棒，科学管理是方法。加强果农的培训，离不开科研院所与一线荔枝从业者的联系，更离不开执法者的及时普法、严格执法。

一、安全生产（运输）意识

安全生产（运输）是所有行业得以健康可持续发展的前提，鲜食农产品更是如此。荔枝果实香甜多汁、口味鲜美，其生长发育过程，尤其是果实成熟时节容易遭受鸟类、蝙蝠、蛾类、蜂类及荔枝霜疫病、炭疽病等的侵扰，严重时导致全园失收。当前荔枝病虫害防治仍然以化学防治为主，从业者安全生产的知识、意识不足或片面追求产量往往会导致果实农残超标，更有甚者会造成食品安全事件，危及消费者健康，给全国荔枝消费市场及当地荔枝品牌造成严重负面影响；荔枝长途运输之前常在添加了药物的冰水中浸泡片刻，以延长荔枝的保鲜期，为保鲜而使用药物浸泡荔枝本无可厚非，然而由于不同的从业者对相关标准的了解程度及个体道德标准参差不齐，因此，很难保证荔枝的运输过程都能满足基本的食品安全要求。培养从业者安全生产（运输）的意识，一方面要依赖相关部门及时普法、严格执法，严禁从业者在生产过程使用违禁农药，严禁在荔枝运输的过程中超标准、超范围使用保鲜剂、防腐剂和添加剂，避免出现"劣币驱逐良币"式的恶性循环；另一方面则要依赖科研院所、相关企业不断研发推广更加安全有效的杀虫、杀菌药剂及保鲜技术。

二、市场意识

"果贱伤农""天价荔枝"这两个时常联袂见诸报端的词汇让人感觉违和却又习以为常。"果贱伤农"之果,现今多为禾荔、黑叶,曾经的宠儿,如今却被市场弃若敝屣;"天价荔枝"之果,则为仙进奉、冰荔、挂绿等,甫一上市,便收获万千拥趸。市场是在不断发展变化的,不变的是消费者对于精品永远的热情,培养果农的市场意识是荔枝产业长期繁荣的核心。市场意识,一定程度上就是追求精品的意识,即所谓"人无我有,人有我优,人优我特,人特我精"。市场离不开特定的风土人情与消费群体,以高端市场为主要目标的荔枝更加注重品质及外观,市井街巷贩售的荔枝则往往主打价格低廉。以仙进奉荔枝为例,仙进奉品质极优,丰产稳产性好,果皮偏厚,较耐储藏,常以礼盒形式售卖,其管理的关键环节之一便是疏果,然而,不少果农为了追求产量而舍不得疏果,结果往往导致果实变小、口感下降,商品价值大打折扣,只能作为"大路货"流向街巷。

三、科学管理意识

科学管理意识的培养,主要是指合理选择品种、按规律栽培管理。品种是荔枝产业发展的原点,选择合适的品种可以为产业的发展打下良好的基础;科学的栽培方式往往可以让管理事半功倍,能够让品种的价值得到最大程度的发挥。

1. 合理选种

合理选种离不开特定的产区与具体的市场环境,然而果农往往容易"跟风"式选择品种,继而为产业再次走入死胡同埋下伏笔。这可能与以下因素有关:一是果农试错成本太高,荔枝换种不但需要投入巨大的人力、财力、物力,也需要消耗巨大的时间成本,多数果农根本承受不起;二是酒香也怕巷子深,一个品种被认可固然需要自身品质过硬,有意识的市场推广也必不可少,然而,绝大多

数果农往往无力弄潮,只能随波逐流;三是荔枝新品种虽多,然而能经受得住市场考验的品种实属凤毛麟角,果农并无过多选择。诸如此类的因素导致果农在换种时往往倾向于做出相对保守的选择,即所谓的"跟风"。

2. 按规律栽培管理

按规律栽培管理,即按照作物生长及病虫害发生规律进行管理,相比较于传统的、经验的、凭感觉式的管理方式,按规律栽培管理往往能够在可持续发展的前提下保证最大的投入产出。以荔枝蒂蛀虫防治为例,荔枝蒂蛀虫是我国荔枝和龙眼的头号大害虫,主要集中在荔枝果期发生,常造成落果、"粪果",严重时可导致减产90%以上,给果农造成极大的经济损失。当前蒂蛀虫防治普遍以化学防治为主,尤其是在果实成熟前夕频繁喷洒农药,需要支出大量的人力、财力、物力,同时也导致了较为严重的食品安全隐患。荔枝蒂蛀虫畏光,在做好采后清园、高光效树体结构改造的基础上,采用"化蛹进度预测法"(陈炳旭,2017)在卵期、初孵幼虫期、成虫期等关键时期灭杀,可以及时高效且低成本防治蒂蛀虫。

科学管理方法的培训更多有助于技术层面的精进,唤起从业者自身的科学管理意识,则更为难得,也更加重要。一个管理5亩荔枝园的果农和一个管理500亩荔枝园的果农,其对科学管理的关注程度与技术方案的选择是不可能一样的。由此看来,果农科学管理意识的培养是多方共同努力促成的,既离不开果农自身的深度参与,也离不开宣传部门、科研院所对优新品种、新技术及时有效的推广与传播,更离不开政府政策层面对碎片化资源(如土地)整合的支持。

第四节 山地荔枝园的改造

山地荔枝园的改造重点在于灌溉、施肥、病虫害防治、农资运

输等关键管理环节的基础设施建设,以下提供一些案例,仅供参考。

马锞等(2018a)为了使山地荔枝园施用有机肥更高效方便、省时省力,设计出了一套由供水系统、发酵池、管网系统、动力系统组成的简易水肥一体化系统,该系统安装简易、经济实用,便于果农接受和操作使用,不但在作物发育的关键时期能够及时有效地满足作物对水肥的需求,而且极大地减轻劳动强度,缩短劳动时间,使用工量减为原来的25%,占地80亩的山地荔枝园简易肥水管道建设成本仅为7 232元(水源和发酵池除外),使用年限可达6年,每年的维护费用为200元。

马锞等(2018b)针对山地荔枝园环境复杂、喷药效率低、劳动强度大的问题建设了果园管道喷药系统。该系统由动力系统、管网、打药机及配药池组成,以80亩的荔枝园为例,建设成本仅需12 089元,可以使用5年,每年的维护费约300元,仅需1~2天即可完成全园喷药,有利于抓住最佳防治时机,避免病虫害失控和蔓延。

第五节 失管荔枝园的改造

长期失管的荔枝园往往存在以下两个问题:一是果园郁蔽,具体表现为果园密度大、树体高大形似桉树、枝杈交错封行、通风透光不良、病虫害滋生、结果环境恶化、管理难度大、管理成本高等;二是品种与市场脱节,经济效益低,具体表现为栽植品种多为禾荔、黑叶、双肩玉荷包等低效益品种(陈厚彬等,2013;张蓓等,2011)。鉴于此,对郁蔽果园的改造及荔枝品种改良是失管荔枝园改造的主要内容。

一、郁蔽果园的改造

对郁蔽果园的改造主要在于降低果园密度及改造树体结构。

1. 间伐

间伐是降低果园密度最简单、最有效、最彻底的方法,具有改善荔枝结果环境、降低害虫群落的种类和数量、提高果实品质等作用(徐海明等,2019;陈哲等,2020),由于间伐导致果园密度减少,还能直接减少人工支出及农资的消耗。间伐的主要方式有隔行间伐、隔株间伐、隔行隔株间伐等,也可根据实际情况采用随机间伐。间伐需要移除或砍掉部分果树,会造成生物量急剧减少,对于少数尚有部分产量的果园会在间伐后 1~2 年内使产量受到较大影响,对于此类果园可根据实际情况在大年间伐或分批次间伐。我国荔枝多栽植于 20 世纪八九十年代,目前树龄多介于 30~40 年,株距 3~5 m,行距 5~6 m,密度 22~44 株/亩,自然状态下基本处于封行郁蔽的状态。建议根据实际情况灵活采用合适的间伐方式,将果园密度保持在 15~18 株/亩。

间伐往往只能解决果园密度问题,树体高大难管理、结构紊乱、结果效率低下等问题依然存在。要解决这些问题,还需要对果树整形修剪。

2. 整形修剪

整形即是将荔枝树培养成一个拥有坚固骨架且骨架分布合理的树形,使其能够承载足够多的枝叶与花果,又能确保最多的叶片能够进行光合作用从而合成最大量光合产物以供果实生长发育的过程(陈厚彬,2010)[56]。根据是否有直立中央领导干,可大体将树形分为有直立中央领导干的纺锤形,无直立中央领导干的自然圆头、开心形。纺锤形树体结构通常从苗圃期或幼苗时期即开始培养,需要经过定主干、定骨干枝(确定骨干枝位置、数量、角度等)、去头、摘心等步骤方可成型,常用于密植果园或青幼年树。自然圆头形、开心形常适用于成年树,是当前最常见的树形。修剪即是综合采用疏枝、短截、长放、回缩、摘心、拉枝等手法将荔枝树培养成一定树体结构的过程。荔枝树的树形不是一成不变的,而是依品种、树龄、树势、果园密度等具体情况动态调整的。需高接换种改

造的树通常树龄较大，主枝较粗，可塑性较差，不宜改造成纺锤形。高接换种改造后的树基本上都有较为开张的主枝及向不同方向分布的接穗，因此适宜顺势改造成开心形。以下简单介绍高接换种后开心形树体结构及幼树纺锤形树体结构培养及常用的修剪方式。

（1）开心形树体结构培养

开心形树形基本结构是树体高度通常控制在3.5~4.5 m，主枝3~5个，均匀分布在不同方向，开张角度60°~80°，每个主枝上保留若干侧枝，侧枝上着生结果母枝，侧枝与结果母枝的具体数量与分布以不影响通风透光为宜，不同级次的枝之间有明显的主从关系。

高接换种后开心形树形改造步骤如下：第一步，接穗成活后选择分布均匀且健壮的3~5个接穗作为主枝培养对象，疏除砧木上长势过旺的枝条，适当保留相对较弱的枝条以遮阴、养根，待接穗占据绝对优势且基本覆盖砧木后彻底疏除砧木上的枝条；第二步，接穗三次梢老熟后打顶，促进侧枝萌发，保留分布在主枝两侧的3~4条侧枝，侧枝三次梢老熟后继续打顶，促进枝组的形成，侧枝与枝组的保留以分布均匀且不影响通风透光为宜；第三步，砧穗接合处愈合稳固后，通过拉枝等方法开张主枝角度为60°~80°。

（2）纺锤形树体结构培养

由于改造难度大、人工成本高等多种因素的影响，目前并没有在生产上实践荔枝树纺锤形树体结构培养的相关报道，在此特借鉴龙眼幼树纺锤形树体结构培养进行说明（薛进军等，2006）。纺锤形树体结构有着明显直立的中央领导干，不同方向上均匀生长着基本水平、不重叠、不分层、无明显分枝的骨干枝，骨干枝上直接着生结果母枝，其具体改造步骤如下：苗木定植后于0.6 m处定干，将直立、坚固、长约2.0 m的竹竿垂直深插在主干旁边，扶正苗木，打"∞"形结绑缚在竹竿上，使苗木直立旺盛生长。短截直立中央领导干，促生分枝，挑选合适的分枝培养为骨干枝，骨干枝要尽量做到水平生长，骨干枝之间互不遮掩、不分层，疏除其余枝

· 39 ·

条。确保骨干枝粗度明显小于直立中央领导干，骨干枝的延长枝优势要明显，确保不出现较明显的分枝和直立枝。

(3) 疏枝

将枝条紧贴基部去除即为疏枝，一般不用于青幼年树和高接换种不久的树。疏枝时应从整体到局部，从大枝到小枝。首先，锯除影响树体结构的大枝；其次，剪除树冠内膛旺盛的直立枝、过密枝、衰弱枝、病虫枝等。疏枝能够起到以下作用：一是使树体结构分布合理，减少养分的无效消耗，提高营养物质利用效率；二是提高通风透光程度，减少病虫害滋生；三是在花芽生理分化向花芽形态分化过渡时期（通常为12月下旬至翌年1月初），适当的疏枝能够刺激花芽发端。

(4) 短截

将一年生老熟枝条从适当位置剪断即为短截，短截剪除了枝梢的顶端，解除顶端优势，能够促进侧芽的萌发、侧枝的生长，且离剪口越近的芽，受到的刺激越强烈。"龙头丫"处营养丰富，芽眼密集，若保留"龙头丫"则容易抽生丛状秋梢，不利于中长枝秋梢结果母枝的培养，因此，采果后修剪时往往统一短截掉"龙头丫"部分，以减少发枝量，利于营养物质集中供应，以培养整齐健壮的秋梢结果母枝。短截掉未老熟的冬梢能够使营养集中供应留下的枝梢，便于营养物质在老熟枝梢的积累，有利于提高花芽生理分化的质量。花穗基部雌花比例较高（吴仁山，2000）[155]，短截花穗不但可以疏花提高成花质量，还有利于提高雌雄比，提高坐果率。

(5) 长放

长放又称甩放、缓放，与短截相对应，即不短截，任凭枝条自然萌芽、抽枝，利于增加生长点和生物量。长放主要针对刚定植的树、青幼年树或高接换种改造不久的树，通常对中庸枝、斜生枝、水平枝长放，对于直立枝、壮旺枝、徒长枝则通常采用拉枝、短截、回缩、甚至直接疏除的方法。

(6) 回缩

对多年生枝梢短截即为回缩。回缩的反应与短截基本相同，只是反应程度随着锯口直径变大而愈发强烈。回缩后，锯口附近的潜芽大量萌发且生长旺盛，易长成大量直立枝。回缩可以起到以下作用：一是老树、弱树复壮更新；二是调整枝干生长方向，改善树体结构；三是高接换种时回缩枝干制备砧木。

(7) 摘心

对新抽生的嫩梢短截即为摘心。摘心可以停止枝梢的延长生长，使枝干饱满粗壮，利于侧芽萌发及侧枝形成。摘心常用于幼树整形或高接换种后树形塑造，也可以用于对成年树的徒长枝和直立枝改造（王俊等，2011）。

(8) 拉枝

拉枝即通过外力人为改变枝条生长方向，一般为扩大枝条角度，或向适当的方向弯曲以充分利用空间，常用于促进生殖生长或青幼年树树形塑造。

二、荔枝品种改良

品种改良是失管荔枝园改造成功的关键，其改良方式及后续管理直接影响到接穗的成活率、伤口愈合质量、接穗长势等，对树冠形成速度、投产产量及果园未来的管理都会产生重要的影响。品种改良最直接、最常用的方法是高接换种。

1. 高接换种品种改良

高接换种是失管荔枝园品种改良最直接、最常用的方法，其过程往往伴随着整形修剪。高接换种于春、夏、秋季均可进行，依据砧木直径的不同，大致可分为树冠外围小枝嫁接、重回缩促萌小枝嫁接（也叫截干促萌小枝嫁接）、重回缩大枝嫁接（也叫截干嫁接或大枝嫁接）。树冠外围小枝嫁接即在树冠外围短截一年生或两年生的枝条做砧木直接嫁接，具有成活率高、技术要求低、翌年即可试产等优点，然而由于枝量大、接穗多、除萌工作量大，嫁接过程需要频繁攀爬或借助梯子才能完成作业，因而工作效率低，人工成本高，危险系数大，并不适用于大规模的荔枝品种改良，常用于新品种引种观察；重回缩促萌嫁接即以重回缩后抽生的健壮新梢做砧木嫁接，具有稳固不用防风、技术难度小、操作便捷、嫁接成活率高的优点，然而由于需要等新梢长到一定直径后才能嫁接，因而需要半年甚至更多的等待时间及护理成本，且树势恢复稍慢，所以此种嫁接方式亦不常用；重回缩大枝嫁接与重回缩促萌嫁接操作相似，明显的不同点在于重回缩大枝嫁接是以回缩后的主枝（或大枝）作砧木直接嫁接，而重回缩促萌嫁接则是以回缩后抽生的枝条做砧木嫁接。重回缩大枝嫁接具有时间成本低、耗穗少、树冠形成快、一定程度上能够克服砧穗不亲和的缺点，其操作步骤如下。第一步，保留1~2条居中且多枝叶的枝干作为抽水枝（抽水枝可通过蒸腾作用减少嫁接口因伤流液滞留而缺氧导致失活现象的发生；抽水枝通过光合作用可以为根系提供营养，缓解树体营养和水分的失衡；抽水枝可为树桩遮阴，避免因暴晒导致裂皮干枯导致的树势衰弱），另选3~5条分布均匀的主枝（或大枝）作为砧木，疏除其余枝条。第二步，回缩砧木至离地面0.8~1.0m处，保证嫁接口平整光滑，不扯拽到树皮。第三步，根据砧木数量及直径的大小嫁接适量的芽条，保证各个方向均有成活的芽条。第四步，用锯掉的枝叶覆盖砧木或将砧木涂白防晒，防止砧木受到暴晒皲裂，导致树势衰弱；第五步，做好防风、防蚁、适时灌溉、施肥、除萌、补接、解缚等后续工作，保证接穗成活及长势良好。

相比较于树冠外围小枝嫁接而言，重回缩大枝嫁接具有操作安全、便捷、用工少、嫁接效率高、砧穗亲和性要求不高等优点；相比较于重回缩促萌嫁接而言，重回缩大枝嫁接具有即时嫁接、效率高、护理成本低、树势恢复快、投产快等优点。然而，重回缩大枝嫁接对工人技术要求较高，如果工人技术不过关，必然会导致大面积补接现象的发生，反而会浪费更多的人力、物力及时间成本。鉴于此，根据笔者工作经验及多方查阅资料，特在此针对重回缩大枝嫁接的作业过程提出以下注意事项。一是嫁接时间的选择。尽量选择在春季作业，嫁接时应避开 15 ℃ 以下的低温及 30 ℃ 以上的高温，极端温度易导致营养生长缓慢，细胞活动停滞，不利于接穗成活；避开雨水天气，雨水不但容易淌进伤口影响伤口愈合，而且容易加剧伤流。二是砧木的制备与嫁接口的选择。砧木的锯口应光滑平整，无爆皮，嫁接口尽量选择在靠近主干的内侧，一方面可以避免枝梢过重压裂嫁接口，另一方面则有利于环抱型愈伤组织的形成；嫁接口的选择也应该兼顾风向的影响，尽量嫁接在背风的一面，以减少因风力过猛造成的劈裂现象。三是芽条的采集。选择树势健壮，无病虫害的植株作为采穗株，以树冠外围健壮、饱满、光滑、平直的 1~2 年生老熟枝梢做目标接穗，采穗一周前打顶，促进侧芽萌发与生长。四是接穗插入嫁接口时，除了要保证接穗的形成层至少有一侧与砧木形成层紧密贴合外，还要保证长削面足够长，以保存留白的空间，利于环抱型愈伤组织的形成；接穗尖削端要插至嫁接口底部，避免留下空隙降低接穗成活率。五是黑暗的环境有利于愈伤组织的形成。黑暗环境中愈伤组织生长速度快，形成的愈伤组织白而嫩，愈合能力强，光照下愈伤组织容易老化，有时还容易产生绿色组织，愈合能力弱，因此可以选用黑色嫁接膜，或嫁接完成后用黑色电工胶带缠绕嫁接口一圈以利于愈伤组织的形成，提高接穗成活率（高新一，2009）。

2. 补种

高接换种改造后的果园若存在株密度较低或缺株的情况，应适当补种。补种传统的实生嫁接小苗或小枝驳枝苗往往需要 6~7 年才能达到丰产期，市场环境瞬息万变，越早投产往往意味着越丰厚的经济效益。传统经验认为驳枝苗的繁育应选用直径 1.5~2 cm 的枝条作育苗枝，然而朱建华等（2019）通过在钦州市钦北区新塘镇荔枝园以直径 7~13 cm 的黑叶枝干作育苗枝进行大枝驳枝试验，发现 5 个不同处理的大枝均生根良好，其中以在泥土中加入 50 mg/L 吲哚丁酸溶液作为生根基质的大枝生根最好，说明荔枝多

年生大枝也适宜作育苗枝。失管荔枝园的果树多为成年或壮年树，枝干直立、粗壮，且以禾荔、大红袍等亲和性较广的品种居多，因此，大部分失管荔枝树极适宜用来培育大枝驳枝苗。当前广西北流市、陆川县、兴业县、桂平市等传统荔枝产区正在进行品种改良以重振荔枝产业，高接换种的过程中会回缩或疏除大量大枝，鉴于此，可在高接换种前先利用大枝驳枝育苗以充分利用资源。2020年，笔者在广西玉林市兴业县任职广西脱贫攻坚（乡村振兴）驻村工作队员期间，曾在蒲塘镇石崎村罗云明果园指导建设50亩大枝驳枝育苗示范基地，现将大枝驳枝育苗过程简单介绍如下。

(1) 大枝驳枝育苗

大枝驳枝育苗过程包括选择育苗枝、剥皮、包埋基质、落苗、假植，具体过程如下。第一步，选择育苗枝。选择向阳、直立、叶片多且浓绿、健壮、光滑、无病虫害、直径5 cm以上的枝干作为育苗枝。第二步，剥皮。2—4月（或果实采收后）在育苗枝基部以上10 cm的合适位置闭环环剥两圈，两个环剥口之间的宽度以8~15 cm为宜，对两个环剥口之间的树皮纵切数刀，随后用木棰将树皮敲裂剥除，用纱布抹净其间形成层，晾干5~7天。第三步，包埋基质。以塘泥加入适量禾秆（或锯木碎屑、椰糠等，确保基质透气保湿），混入50 mg/L吲哚丁酸溶液搅拌均匀做生根基质（确保基质湿润但不滴水）包埋环剥口，确保上端环剥口位于基质泥团的中上部，使其包埋在足够多的基质中，用透明塑料薄膜密封包裹（黑暗的环境更有利于生根，然而却不利于观察生根情况，故选用透明塑料薄膜），上下两端各以扎带束紧密封。第四步，落苗。2—4月驳枝，采果后即可落苗（若采果后驳枝，则第二年春季落苗），落苗时从下端包扎口处将育苗枝锯离树体，选留3~5个分枝，保留若干枝叶，如果包扎口上方0.6 m内无分枝，则在0.6 m处回缩定干。第五步，假植。育苗枝锯离树体后，解除塑料薄膜，将根泡入水中，浸透泥团，然后将泥团裹满泥浆，即可假植于营养袋中。

第五章　失管荔枝园问题的解决对策

(2) 扦插育苗

与荔枝驳枝育苗相比,扦插育苗在实际生产中应用较少,其原因可能如下:一是插穗未做任何处理或扦插时间不当的情况下,苗木成活率较低;二是需要建设并维护具有适宜温度、湿度,透气且无阳光直射的苗床。扦插育苗对外界条件要求较为严格,如要求土壤温度高于空气温度 3~5 ℃,以尽量促使先生根而后抽生枝梢,确保水分、养分的供给;要求维持较高的空气湿度,以减少土壤及插穗水分的蒸发,避免插穗过早失去活力;要求土壤湿润但不积涝,保证根系呼吸作用良好;插穗基部深埋土中,避免强光直射。尽管扦插育苗对外界环境要求严格,但是扦插育苗可以在相对有限的空间内实现相对较快且大规模的种苗繁育,且经过改良的扦插育苗技术可以在露天环境实现较高的成活率,鉴于此,扦插育苗值得推广。

潘崇环(1960)1958—1959 年对福建福安本地荔枝品种(具体品种不详,经咨询荔枝龙眼体系前宁德综合试验站站长袁韬,很可能为元红)插穗扦插前进行环剥处理,扦插 4 个月后插穗成活率达 80%,平均生根 8.1 条,新根最长达 9.2 cm,与同期未经环剥的对照(成活率仅为 7.5%,平均生根 3.4 条,新根最长仅为 3.2 cm)相比差异明显。环剥处理后扦插的过程包括以下 5 步。

①选穗。选择强壮的树体做采穗株,从树冠顶部选择直立且直径在 1 cm 左右的枝条做插穗。

②环剥。在插穗基部闭环环剥一圈,待形成愈伤组织,且愈伤组织呈淡黄色瘤状突起时短截扦插。

③插穗。从插穗基部短截,剪除顶端叶子,露天扦插(苗床平整,土质疏松、潮湿,砂质土,pH 值 5.5),插穗长度约 40 cm,插穗露出地面部分为 5~8 cm。

④遮盖。以稻草覆盖苗床行间及插穗露出地面的部分,减少水分散失及避免太阳直射。

⑤浇水。及时适量浇水,保持土壤湿润而不积涝。

(3) 定植

挖长、宽、深均为 0.8 m 的土坑,坑内填入 15 kg 左右充分腐熟的有机肥,与表土搅拌均匀,回填表土至 0.5 m 处做定植坑。选择春季定植最为适宜,夏秋季节亦可。春季气温回升而不酷热,雨水充足而不积涝,十分利于苗木生根成活;夏秋季节定植则可以保证苗木在冬季低温来临之前抽生 1~2 次秋梢并充分老熟,利于苗木安全过冬。定植时轻拿轻放,将苗木小心移入定植坑,扶正之后培土,边培土边轻轻压实,切忌用力踩踏,否则容易伤根,培土高于地表 0.1 m 即可。培土后用泥土在苗木周围筑成直径 1.0 m 左右的树盘,淋足定根水。

(4) 植后管理

定植初期的主要目标是确保苗木生根成活,树势健壮。初植后的苗木,根系未稳、主干赤裸、枝稀叶疏、树盘裸露,不但容易被大风吹倒,更容易遭受暴晒、干旱。暴晒容易造成主干树皮皲裂,导致树势衰弱,严重时直接死亡;干旱则抑制生根、抽梢。针对此种情况,可以综合采取以下措施:立柱防风;用遮阳网覆盖树冠、主干遮阴;定植半年内以长放为主,原则上不剪除任何枝叶,除了可以遮阴外,还能起到养根、培养砧木的作用;用枯草、禾秆、枯枝落叶等覆盖树盘,减少水分蒸发,保持土壤湿度,为根系生长创造良好环境;勤灌水,勤施薄施有机肥,为树冠尽快形成提供足够营养;及时喷药,防虫防蚁,保证梢叶生长质量良好。

(5) 高接换种

苗木生长约半年后,选留 3~5 条直径 1 cm 以上,健壮且分布均匀的枝条作为砧木,在不影响遮阴、不影响砧木长势、不过分降低生物量的前提下,疏除或短截掉其他枝条。选择适宜的品种高接换种,并做好后续管理,待接穗二次梢老熟后,疏除苗木上其余枝条。

三、荔枝品种的选择标准

选择合适的荔枝品种是失管荔枝园品种改良成功的关键。所谓合适的品种，是指既受市场欢迎，符合当地的生态环境，又有较高的高接换种成活率的品种。

受市场欢迎的品种并不意味着品种本身是"全能冠军"，而是该品种有某一方面或多方面的长处，且能够迎合市场的某种需求，如特早熟、特晚熟、格外优质、果大核小可食率高等。三月红荔枝果肉粗韧、口味甜携酸涩、果核较大、品质中下，然而由于三月红荔枝熟期最早，因而上市也最早，环顾市场没有其他品种与之形成竞争关系，因此其经济效益尚可，适宜在特早熟产区推广。妃子笑荔枝熟期稍晚于三月红，品质虽称不得上乘，但也明显比三月红优质，且妃子笑成花需冷量较低，易于成花，因此南起海南三亚，北至四川合江均有妃子笑种植，妃子笑荔枝目前已成为国内栽培范围最广且平均单产最高的品种（苏钻贤等，2024）。需要特别强调的是，市场本身受时间、地域等因素影响巨大，因而同一品种在不同时间、不同地域的市场表现往往大相径庭。长期以来，妃子笑荔枝以其早熟及品质尚好的优势为海南果农带来了巨大的收益，其收购价往往能够达到10~20元/kg，然而晚于海南1个月左右上市的广西玉林、南宁等地的妃子笑市场价则时常维持在6~10元/kg，"10元4斤""10元5斤"的极端价格也屡见不鲜。可见，汝之蜜糖往往或为彼之砒霜，一个符合市场需求的品种，除了有其本身的特质外，更离不开具体的地域环境。

结合当地生态环境优势选择符合市场需求的品种，才能最大程度发挥品种本身特有的优势。我国荔枝在广东、广西、海南、四川、云南、台湾、重庆、贵州、浙江、福建等地区均有分布，经过多年的发展已初步形成了海南特早熟优势区，湛江、茂名、阳江等早中熟优势区，粤西、桂东南等中晚熟优势区，四川、福建特晚熟优势区（陈厚彬，2010）[7]。妃子笑荔枝虽然在以上地区均可种植，

时常也可以获取较好的收益,然而妃子笑荔枝却未必是当地最适宜栽植的品种。海南妃子笑荔枝是全国妃子笑中最早上市的,然而近些年来海南荔枝为了抵御越南、泰国等东盟国家的竞争,也不得不卖起了"青果",更不用说国内其他产区。玉林地区是典型的中晚熟荔枝产区,当地主栽品种除了有禾荔、桂味、仙进奉,还有一定量的妃子笑,然而玉林本地的妃子笑由于上市过晚,开市价往往是海南、广东的收市价;禾荔虽然产量高且稳定,然而由于品质一般,也时常处于"丰产不丰收"的尴尬境地,不少以禾荔为主栽品种的荔枝园基本上处于失管或半失管的边缘。2015 年前后,玉林本地引进的仙进奉等晚熟优质荔枝品种取得了非常好的市场收益,其地头收购价一度达到 100 元/kg,即便在 2021 年大年情况下,其地头收购价也基本维持在 30 元/kg 以上。

据陈厚彬等(2013)报道,由于历史原因,黑叶、禾荔、双肩玉荷包种植面积偏大,且近年来失管荔枝园的主栽品种多为黑叶、禾荔、双肩玉荷包;根据齐文娥等(2023)的报道,至 2022 年荔枝龙眼体系覆盖范围内黑叶、禾荔、双肩玉荷包、白蜡等低效益品种仍占总面积的 50.42%。据张惠云等(2014)、丁晓波等(2019)报道,大红袍在云南保山、四川泸州等占地面积占比过大且品质一般造成该品种商品效益低下,从而导致果农种植积极性降低,大大提高了当地荔枝园失管的概率。荔枝品种改良往往通过高接换种来实现,高接换种可使树体在原有树桩的基础上快速恢复冠幅,往往仅需 3 年即可投产,大大缩短了从改造到投产的时间。高接换种后接穗成活率、长势强弱、嫁接口平滑与否、冠幅形成速度等主要与工人的熟练程度、树体(砧木)生长状况、砧穗亲和程度有关。树势壮旺,无病虫害,根系发达的树体嫁接成活率高,因此,建议在高接换种前对树体施肥,以加强树势提高接穗成活率。荔枝品种之间存在着不同程度的亲缘关系,亲缘关系由近至远,嫁接亲和性逐渐降低。依据砧木选择适宜品种的接穗不但意味着较高的成活率,更意味着改造后树势强,冠幅形成快,投产早,产量恢

复快。因此，荔枝品种的选择除了要考虑市场受欢迎程度、生态环境适应性之外，也要考虑与砧木品种之间的砧穗亲和性。

禾荔、大红袍、白蜡做砧木具有较广的亲和性；黑叶做砧木适宜嫁接桂早荔、妃子笑、贵妃红、草莓荔、鸡嘴荔、脆绿、越州红等；双肩玉荷包做砧木适宜嫁接马贵荔、妃子笑、草莓荔、无核荔、庙种糯、鸡嘴荔、白糖罂等（朱建华等，2020；李冬波等，2023）（陈厚彬，2010）[20]（胡桂兵和黄旭明，2018）[70]。据吴德远（广东江门专业嫁接工，有10余年荔枝嫁接经验）介绍，桂味、鸡嘴荔、白糖罂做砧木也具有较广的亲和性。砧穗亲和性弱的情况下，除了可以采用大枝嫁接外，还可以采用中间砧嫁接，如改良黑叶为仙进奉时，可先以黑叶为砧木嫁接鸡嘴荔，待鸡嘴荔成活后，再以鸡嘴荔为砧木嫁接仙进奉（朱建华等，2020）。

四、荔枝品种简介

北通红 该品种发现于广西浦北县北通镇北山村委板冲村一株优良实生变异新单株，由广西壮族自治区钦州市钦北区农业局、广西壮族自治区农业科学院园艺研究所、广西壮族自治区钦州市水果局共同选育，2011年通过广西壮族自治区农作物品种审定委员会审定。该品种为中熟品种，6月中下旬成熟，树势健壮，树冠圆头形，果实卵圆形，果皮红色带微黄，单果重31.6 g，可溶性固形物18.1%，可食率75.8%，果肉质地爽脆，不流汁，味浓甜，香气浓，风味佳（胡桂兵和黄旭明，2018）[60-61]（杨万清等，2013）。

北园绿 该品种发现于广东省广州市增城区一株实生变异单株，由广东省农业科学院果树研究所、广州市增城区农业技术推广中心共同选育，2017年12月通过广东省农作物品种审定委员会审定。该品种6月下旬至7月上旬果实成熟，树势旺盛，果实歪心形或扁歪心形，果皮红中带黄绿，色彩鲜艳。果实单果重25.8 g，可溶性固形物17.9%，可食率74.5%，果肉蜡白色，质地爽脆，味清甜，微香，品质优。相比较于桂味、糯米糍而言，该品种粗生易

长且耐涝耐旱，裂果率远低于糯米糍（刘伟等，2019）。

冰荔（原名红蜜荔） 该品种发现于广东省东莞市板岭林场的一株实生优株，由广东省东莞市农业科学研究中心、华南农业大学园艺学院共同选育，2018年2月通过广东省农作物品种审定委员会审定。该品种6月下旬至7月上旬成熟，为中晚熟品种。该品种树姿开张，树势较强，树冠自然圆头形。果实短心形，果皮鲜红，较厚，不易裂果，较耐储运，单果重20.7 g，可溶性固形物含量19.4%，可食率75.3%，焦核率100%，果肉细滑、无渣、清甜带蜜香味儿，风味浓郁，品质优，易成花，产量稳定。宜以禾荔、白蜡、桂味、糯米糍、白糖罂做砧木高接换种，以黑叶、水东黑叶、妃子笑做砧木则亲和性差（马锞等，2019；马锞等，2011；赵俊生等，2016）。

草莓荔 该品种由广西壮族自治区农业科学院园艺研究所、广西壮族自治区灵山县科学技术局、广西壮族自治区灵山县水果局共同选育，2005年通过广西壮族自治区农作物品种审定委员会审定。该品种为晚熟品种，7月中下旬成熟。树姿开张，树冠圆头形，果实长心形，形似草莓，果实着色不均匀，向阳面红色，背阳面黄绿色，单果重27.5 g，可溶性固形物17.73%，可食率77.94%，焦核率高且稳定，为97.0%，果实味清甜，微有香味，风味佳。该品种两性花比例大，雌雄花交替开放期间有大量的两性花开放，坐果率高（李瑞强等，2009；彭宏祥等，2007），宜以禾荔、黑叶、钦州红荔为砧木高接换种（黄凤珠等，2011）。宋云连等（2021）在云南怒江干热河谷地区以20年生大红袍为砧木嫁接从广西壮族自治区农业科学院园艺研究所引进的草莓荔，发现草莓荔熟期与当地禾荔相同，均为7月中旬成熟，产量、果实品质均优于禾荔，但是比起原产地的草莓荔而言，单果重、可食率、平均单株产量均有所降低，仅可溶性固形物略高于原产地。

脆绿 该品种来源于广东省珠海市斗门区白蕉镇大托村五丰围，由广东省珠海市果树科学技术推广站、广东省珠海市斗门区水

果科学研究所、华南农业大学园艺学院、广东省珠海市斗门区农业局白蕉农业技术站共同选育。该品种为中熟品种,6月中下旬成熟。树姿开张,树势中庸,树冠半圆头形,果实扁心形,果皮绿中带红,单果重26.3 g,可溶性固形物18.2%,可食率74.9%,果肉爽脆、细滑、味清甜,雌雄花相遇期长,雌雄比高(脆绿雌雄比为1:1.39,一般品种约为1:4),雌花柱头较大,易坐果,大小年现象不明显(胡桂兵和黄旭明,2018)[10-11](李永忠等,2008)。

翡脆 该品种母树发现于广东省茂名市电白区马踏镇电白港务局果场,由广东省农业科学院果树研究所、广东省茂名市水果科学研究所、广东省茂名市电白区水果局共同选育,2016年12月通过广东省农作物品种审定委员会审定(胡桂兵和黄旭明,2018)[60-61]。该品种树冠开张,呈半圆形,粗生易长,生长势强,果实6月中下旬成熟,果皮青绿色(约七成熟)即可食用,挂树时间长达半月以上,至完全成熟时果皮转为淡红色至暗红色;果实心形,果皮较厚,耐储性强(蒋侬辉等,2019),果实单果重24.3 g,可溶性固形物18.3%,可食率78.7%,焦核率91.3%,果肉细致、爽脆、味清甜,果肉蜡白色。该品种对暖冬、花期阴雨等不良天气情况具有较强的适应性,易成花、坐果稳定。宜以禾荔、黑叶、白蜡、妃子笑、白糖罂做砧木高接换种(赵俊生等,2018)。

凤山红灯笼 该品种发现于广东省汕尾市凤山管区鲤鱼尾山崔保国果园,由广东省农业科学院果树研究所、广东省汕尾市果树研究所、崔保国(果农)、陈泉(果农)共同选育,2011年1月通过广东省农作物品种审定委员会审定。该品种6月下旬成熟,为中晚熟品种。该品种树势强,树冠开张,果实正心形,果皮鲜红色(过熟则为暗红色),单果重25.5 g,可溶性固形物含量17.8%,可食率80%,焦核率82%以上,肉质细嫩、多汁、口感清甜不腻,品质优。果皮较厚,裂果率低(胡桂兵和黄旭明,2018)[40](欧良喜等,2012;林金利等,2021)。

观音绿 该品种最早发现于广东省东莞市樟木头镇金河社区沙

河村,由广东省东莞市樟木头镇农业办公室、华南农业大学园艺学院、广东省东莞市樟木头镇金河社区、广东省东莞市农业技术推广管理办公室共同选育,2012年通过广东省农作物品种审定委员会审定。观音绿树势壮旺,树冠半圆球形;果实外观卵圆形,果皮整体呈黄绿色,微红;单果重21~25 g,可溶性固形物18.5%,可食率81.60%,焦核率95%以上,果肉脆嫩、清甜有香味,风味独特,综合品质特优;产量表现一般,四年生树平均株产8.6 kg,以15年生糯米糍为砧木高接换种4年后株产约30 kg(王泽槐等,2012)。郭映云等(2021)在桂平市麻垌镇鹧鸪村以25年生禾荔为砧木高接换种观音绿,发现砧穗亲和性良好,较好地保持了原有优良性状,熟期与当地禾荔相当,比当地桂味晚熟10天左右。黄川等(2021)在广西灵山县以60年生灵山香荔为砧木高接换种观音绿,发现砧穗亲和性良好,除焦核率略有下降外(85.1%),基本较好保持了原有品种的优良性状。根据广西北流市北流镇龙安村果农苏树琨观察,观音绿落果严重,被禾荔"串粉"后品质表现差。根据李建国团队的观察,观音绿在果实快速发育期间,遭遇台风雨或者大雨天气,采前落果和裂果问题比糯米糍低10%~15%[①]。

贵妃红 该品种来源于广西壮族自治区钦州市钦北区贵台镇优良实生单株,由广西壮族自治区农业科学院园艺研究所、广西壮族自治区钦州市钦北区水果局共同选育,2005年通过广西壮族自治区农作物品种审定委员会审定。该品种为中熟品种,6月中下旬果实成熟。树姿开张,树势较强,树冠圆头形,果实呈心形,果皮外观鲜红色,果实较硬,果皮较厚,耐储藏(常温条件下比禾荔、黑叶多储藏2天左右)。单果重35.4 g,可溶性固形物18.7%,可食率73.5%,焦核率46%,味甜,香气中等,果肉质地爽脆细嫩,不流汁,品质偏上。易成花,雌雄比高(贵妃红雌雄花比为1:

---

① 资料来源:国家荔枝良种重大科研联合攻关2019—2020年度工作总结,未公开发表。

1.6，一般品种为1：4)，大小年现象不明显，八年生树平均株产42 kg，较耐旱、耐瘠薄，对荔枝瘿蚊和荔枝瘿螨有较强抗性（胡桂兵和黄旭明，2018）[6-7]（苏伟强等，2005；高贤玉等，2012）。2006年在云南省怒江干热河谷以大红袍为砧木高接换种贵妃红，发现大红袍与贵妃红砧穗亲和性良好，单果重、可食率、可溶性固形物、耐储性等果实品质性状与原产地变化不大，树体长势强，易丰产稳产，7月上旬成熟，适宜在当地推广。黄川等（2021）在广西灵山县以60年生灵山香荔为砧木高接换种引进贵妃红等18个荔枝品种，2018—2020年连续3年通过对其果皮颜色、单果重、可食率、可溶性固形物等10个性状综合测评评分，贵妃红排名第十六。贵妃红对砧木适应性强，除了以大红袍、灵山香荔作砧木亲和性良好外，贵妃红与以黑叶、禾荔、三月红、妃子笑、无核荔、钦州红荔、白蜡等品种作的砧木也表现出良好的亲和性，目前在海南、广东、福建、四川等地均有良好的引种表现（李鸿莉等，2018）。

桂荔1号　该品种来源广西平南县官成镇官成村，由广西壮族自治区农业科学院园艺研究所、广西壮族自治区贵港市平南县官成荔丰园荔枝种植专业合作社共同选育，2015年6月通过广西壮族自治区农作物品种审定委员会审定。该品种7月中上旬成熟，为晚熟品种。生长势强，树冠圆头形，果实心形，果皮鲜红色，单果重29 g，可溶性固形物含量18%，可食率68%，果肉质地软滑，蜡白色，不流汁，味儿清甜，抗裂果性好，一般年份裂果率在5%以下，较丰产稳产（李鸿莉等，2017）。

桂荔2号　该品来源于广西灵山县烟墩镇妙庄村，由广西壮族自治区农业科学院园艺研究所、广西壮族自治区灵山县水果局共同选育，2016年8月通过广西壮族自治区农作物品种委员会审定。该品种6月下旬至7月上旬成熟，为中晚熟品种。该品种树冠圆头形，果实近球形，果皮鲜红色，果实较大，单果重38.0 g，可溶性固形物含量19.5%，可食率75.8%，果肉质地软滑，蜡白色，味

清甜（徐宁等，2017）。

桂爽 该品种来源于广东省惠州市惠阳区镇隆镇，由华南农业大学园艺学院、惠州市惠阳区农业技术推广中心、东莞市农业科学研究中心、惠州市惠阳区镇隆镇景丽荔枝专业合作社共同选育，2020 年通过广东省农作物品种审定委员会评定。该品种 7 月上旬成熟，为晚熟品种。树姿开张，树势较强，树冠半圆形；果实歪心形，果皮暗红色，果实较大，单果重 31.7 g，可溶性固形物 17.1%~18.6%，可食率 78.7%，多小核，焦核率 86.7%，果肉黄蜡色，肉质爽脆，有桂花香味，汁少（叶向阳等，2021）。

桂早荔 该品种最早发现于广西灵山县佛子镇清湖村委清湖塘村的一株荔枝实生变异单株，由广西壮族自治区农业科学院园艺研究所、广西壮族自治区灵山县水果局共同选育，2012 年通过广西壮族自治区农作物品种审定委员会审定。果实熟期为 5 月底成熟（引种地南宁），稍迟于三月红而早于白糖罂，果实品质、丰产稳产性优于三月红。树势健壮，树冠圆头形；果实外观为卵圆形，果皮鲜红或胭脂红，单果重 26.7 g，可溶性固形物 19.0%，可食率 67.2%，果肉软滑，甜带蜜香，干苞不流汁，品质优。大小年不明显，丰产稳产性好，盛产期树（约 15 年生驳枝苗）基本可达 100 kg/株。该品种与黑叶亲缘关系近，宜以黑叶、禾荔为砧木高接换种（朱建华等，2014）。胡福初等（2020b）于 2005 年在海南省陵水县文罗镇以 2 年生禾荔实生苗为砧木嫁接桂早荔引种观察，该品种易于成花，成花率显著高于妃子笑、白糖罂，较易丰产稳产。该品种在海南省陵水县于 4 月中下旬成熟，比当地妃子笑早熟 15 天左右，果实品质与原产地无明显差异，易于发挥早熟优势，十分具有经济价值，适宜在海南省南部早熟荔枝产区推广种植。

荷花大红荔 该品种来源于广东省高州市荷花镇文山村庵头岭，由华南农业大学园艺学院、广东省东莞市林业科学研究所、广东省高州市水果局、广东省高州市荷花镇人民政府共同选育，2004 年通过审定。该品种为中熟品种，6 月中下旬成熟，树势中庸，树

冠半圆球形，果特大，单果重约 50 g，最大果重能达 90 g，果实正心形，果皮色泽鲜红艳丽，可溶性固形物 17.9%，可食率 79%，果肉厚、纤维少、汁多味清甜，果实品质优于紫娘喜、鹅蛋荔等其他巨大果形品种。雌雄比高（荷花大红荔雌雄比为 1∶1.5，一般品种为 1∶4），无大小年现象，较丰产稳产（欧阳若等，2005）。朱剑云等（2006）在东莞市引种来自华南农业大学园艺学院的荷花大红荔苗木（砧木为 1.5 年生禾荔实生苗），发现荷花大红荔在当地生长快、成花易，较好地适应了当地的气候环境，在引种地东莞为 6 月底成熟，比原产地推迟 10 天左右。

红脆糯（原名美园糯） 该品种发现于广东省揭阳市惠来县华湖镇美园村的一株实生优株，由华南农业大学园艺学院、深圳职业技术学院、惠来县红荔来种植专业合作社共同选育，2019 年 8 月通过广东省农作物品种审定委员会审定。该品种 7 月上中旬成熟，比糯米糍晚熟 7~10 天，树姿开张，树势强，树冠圆头形，果实长心形，果皮鲜红色，单果重 23.6~28.6 g，可溶性固形物 17.7%~19.1%，可食率 74.7%~81.1%，焦核率 90%，果肉蜡黄色，假种皮近果核面褐色少，肉质爽脆细嫩，少酸，有清淡蜜香，口感优。大小年不明显，宜以禾荔、糯米糍、黑叶、妃子笑、小糯为砧木高接换种（张树飞等，2022）。

红绣球 该品种来源于广东省东莞市大朗镇，由广东省农业科学院果树研究所、广东省东莞市农业技术推广服务中心、广东省东莞市大朗镇人民政府共同选育，2003 年通过广东省农作物品种审定委员会审定。该品种 7 月上旬成熟，为晚熟品种。该品种树姿半开张，较疏散，树势中等，树冠半圆形。果实短心形，果皮鲜红色，果个特大，单果重 35 g（最大能达 50 g 以上），可溶性固形物含量 18.1%~21.5%，可食率 75%~80.5%，焦核率 70%~80%（部分年份超过 95%），果皮较厚，裂果率低，耐储藏，果肉蜡黄色、汁多、有蜜香味、品质优，较丰产稳产（邱燕萍等，2008）。张惠云等（2016）在云南怒江干热河谷区以 20 年生大红袍为砧木

高接换种红绣球引种观察，发现果实单果重、可食率、可溶性固形物含量分别达到原产地的87.6%、98.2%、97.8%，果实品质基本与原产地一致，且出现较高比例的两性花，丰产稳产性好；黄川等（2021）在广西灵山县龙武农场以60年生灵山香荔为砧木，以红绣球等18个新品种为接穗高接换种，通过2018—2020年连续观察，红绣球果实性状综合评价仅次于糯桂、仙进奉，排名第三。

岵山晚荔 该品种来源于福建省永春县岵山镇茂霞村农户陈建华荔枝园的优良实生单株，由福建省永春县利鹏园艺场、福建农林大学园艺产品贮运保鲜研究所、福建省永春县岵山茂霞联兴水果示范场共同选育，2012年通过审定。该品种为晚熟品种，在当地7月底成熟。该品种树姿开张，干性弱，树势中庸，树冠半圆头形，果实心形，果皮鲜红色，单果重约20 g，可溶性固形物18.65%，可食率75.5%，焦核率80%以上，质地韧脆，味甜多汁，爽滑可口，有香气，风味佳，品质优。该品种花量大，雌雄多次相遇，成花率、坐果率高。由于该品种树势较为中庸，建议在土壤疏松肥沃、土层深厚、有机质含量高的缓坡地或丘陵山地建园栽种（尤胡利，2012）（胡桂兵和黄旭明，2018）[44]。

井岗红糯 该品种来源于广东省从化市（现从化区）城郊镇高步村一株荔枝实生树，由华南农业大学园艺学院、广东省广州市从化区科技工业商务与信息化局、云南省农业科学院热带亚热带经济作物研究所共同选育，2009年通过广东省农作物品种审定委员会审定。该品种为晚熟品种，7月中下旬成熟，比禾荔晚7~10天。树势强，树冠圆头形，果实心形，果皮均匀鲜红色。单果重23.5 g，可溶性固形物19.2%，可食率77.3%，焦核率80%，果肉质嫩、爽口、不流汁，有糯米糍的风味和桂味爽口的肉质，丰产稳产性好（与禾荔相当），裂果少、荔枝霜疫病感染率低（胡桂兵和黄旭明，2018）[2-3]。何煌明（2020）在福建省云霄县于2014年以糯米糍为砧木，2015年、2018年以乌叶为砧木高接换种引进井岗红糯，结果发现糯米糍与井岗红糯的砧穗亲和性优于乌叶与井岗红糯

的砧穗亲和性（糯米糍为砧木的接穗成活率约62%，乌叶为砧木的接穗成活率约41%）。井岗红糯在当地较好地表现出了原有的果实品质，丰产稳产性好，裂果少、荔枝霜疫病抗性强，适宜在当地适度推广。张惠云等（2015）在云南省怒江干热河谷区以20年生大红袍为砧木高接换种引种井岗红糯，发现大红袍与井岗红糯砧穗亲和性良好，树体生长良好，易成花，早产丰产，单果重达原产地的90.26%、可食率达原产地的97.67%、可溶性固形物达原产地的96.25%，证明井岗红糯引种成功，适宜在当地推广。

燎原1号 该品种发现于云南省保山市隆阳区潞江镇潞江农场燎原队的一株实生单株，由云南省农业科学院热带亚热带经济作物研究所、广东省农业科学院果树研究所、华南农业大学园艺学院共同选育，2019年12月通过云南省林木品种审定委员会认定。该品种在云南省保山市5月下旬成熟，为早熟品种。该品种树姿开张，树冠半圆形，果实锥形，果皮紫红色，单果重23.5 g，可溶性固形物含量19.5%，可食率74.4%，焦核率95.2%，果肉蜡白色，肉质爽脆，不易流汁，品质中上，不易裂果，丰产稳产性好。宜以褐毛荔、大红袍为砧木高接换种（张惠云等，2020）。

岭丰糯 该品种来源于广东省东莞市大岭山一株实生树，由广东省东莞市农业科学研究中心、华南农业大学园艺学院、广东省东莞市逸品食品有限公司共同选育，2010年通过广东省农作物品种审定委员会审定。该品种晚熟，6月下旬至7月中旬果实成熟，留树时间较长。树姿略开张，树冠圆头形，果实心形或歪心形，果皮鲜红色，平均单果重约25.8 g，可溶性固形物17.6%～19%，可食率80.4%，焦核率95.6%，肉厚多汁，细嫩爽口，浓甜微香，品质优。可开两批雌花，授粉受精后坐果能力较好，落果少，裂果率低，一般年份裂果率低于10%，丰产稳产性好，13年生结果树株产超50 kg，大小年现象不明显。以糯米糍、禾荔、白糖罂、紫娘喜、灵山香荔为砧木时砧穗亲和性强，以黑叶、妃子笑、双肩玉荷包为砧木时不亲和（范妍等，2010）。程彦玲等（2019）在深圳南

山区西丽镇以禾荔为砧木高接换种岭丰糯，发现砧穗亲和性好，成熟期在6月下旬至7月上旬，较当地糯米糍晚熟7~10天，留树时间长，丰产稳产性好，果实品质与原产地相似，管理难度低。黄川等（2021）在广西灵山县以60年生灵山香荔为砧木高接换种引种岭丰糯等18个荔枝品种，2018—2020年连续3年通过对其果皮颜色、单果重、可食率、可溶性固形物等10个性状综合测评，岭丰糯排名第六，次于糯桂、仙进奉、红绣球、红珍珠、红脆糯。

马贵荔 该品种1979年被广东省高州市马贵镇李心荣同志在马贵镇龙坑管理区发现，由华南农业大学园艺学院、广东省高州市农业局、广东省高州市马贵镇人民政府共同选育，1995年通过了农业部技术鉴定。该品种特晚熟，一般为8月中下旬成熟，随着海拔、纬度的变化，熟期可提前至7月底，延长至9月中下旬。该品种树势强，树冠半圆头形，果大，正心形，果皮鲜红色，单果重39.6 g，可溶性固形物约18%，可食率72.9%，果实肉质嫩滑，汁多，甜味偏淡，品质中等，粗生易管，对砧木要求不严格，穗砧亲和力好，适宜在特晚熟荔枝产区引种推广（胡桂兵和黄旭明，2018）[4-5]（欧阳若等，2002）。李于兴等（2017）2013年在四川泸州江阳区以大红袍为砧木高接换种马贵荔，发现砧穗亲和性好，易开花，较丰产，果实品质基本保持了原有性状，熟期比当地大红袍晚30天左右，有利于错开当地主栽品种上市高峰期，延长当地荔枝上市时间，取得较好收益。高贤玉等（2014）在云南怒江干热河谷地区以大红袍为砧木高接换种马贵荔，发现砧穗亲和性好，速生快长，易成花，果实品质变化不大，由于其特晚熟，错开了当地荔枝上市的高峰期，因此在当地也取得了较好的经济效益。

庙种糯 该品种发现于广东省广州市太和镇沙亭岗村，由华南农业大学园艺学院选育，2011年通过广东省农作物品种审定委员会审定。该品种为晚熟品种，6月底至7月上旬成熟，比糯米糍晚熟7~10天。生长势旺，圆头形，果实短心形，浅红色（完全成熟后鲜红色），单果重20.6 g，可溶性固形物17.5%，可食率79%，焦核率90%以上，果实口感清甜爽脆，品质优，可与糯米糍媲美，对炭疽病、荔枝霜疫病抗性好，对低温、旱涝的耐受力较强，适宜以禾荔、糯米糍、桂味为砧木高接换种（刘成明等，2014）（胡桂兵和黄旭明，2018）[16-17]。

唐夏红 该品种来源于广东省东莞市塘厦镇，由华南农业大学园艺学院、广东省东莞市塘厦远昌果场、广东省东莞市农业科学研究中心共同选育，2015年通过广东省农作物品种审定委员会审定。该品种为中晚熟品种，6月下旬至7月上旬果实成熟。树姿开张，树势中等，树冠半圆形，果实短心形，果皮鲜红色，单果重27.1 g，可溶性固形物18.5%，可食率76.4%，焦核率51%，果肉厚，味清甜，质软滑，香气浓郁，丰产稳产，高接树第二年即可达株产40 kg左右，无明显大小年结果现象。该品种粗生易管，对低温与旱涝的耐受力较强，与禾荔、黑叶、桂味、妃子笑、糯米糍砧穗亲和性好（马锞等，2016）。

仙进奉 该品种发现于广东省广州市增城区新塘镇基岗村实生单株，由广东省农业科学院果树研究所、广东省广州市增城区农业技术推广中心、广东省广州市增城区新塘镇农业办公室共同选育，2010年通过审定。该品种迟熟，果实于7月上中旬成熟，比糯米糍迟熟7~10天，树姿开张，树势中等，树冠圆头形。果实歪心形，果皮颜色鲜红，单果重25 g，可溶性固形物19.1%，可食率79%，焦核率85%，果皮较厚，耐储藏，裂果少。果肉多汁，有蜜香味儿，口感佳，可与糯米糍媲美。该品种粗生易长，丰产稳产性好，6~7年生树单株产量可达30~40 kg（胡桂兵和黄旭明，2018）[42-43]。据荔枝龙眼体系玉林综合试验站2022年6月调研结果显示，在桂味、鸡嘴荔、禾荔等品种的坐果率较2021年显著下降的情况下，仙进奉的坐果率与2021年持平甚至略增①。陈新全等（2021）在广西桂平以25年生禾荔为砧木高接换种引种仙进奉，

---

① 数据来源：《荔枝龙眼科技通讯》，2022年第3期。

发现砧穗亲和性良好，仙进奉在当地较好地保留了单果重、可食率、可溶性固形物、口感等原有优良性状，成熟期比禾荔晚7天，比桂味晚14天，对延长当地荔枝产期、改良荔枝品种结构十分有益，适宜在当地推广。黄川等（2021）在广西灵山县以60年生灵山香荔为砧木高接换种引进仙进奉等18个荔枝品种，2018—2020年连续3年通过对其果皮颜色、单果重、可食率、可溶性固形物等10个性状综合测评，仙进奉排名第二，仅次于糯桂，适宜在当地引种。

御金球 该品种来源于广东省珠海市斗门镇斗门村，由广东省农业科学院果树研究所、广东省珠海市果树科学技术推广站、广东省珠海市斗门区水果科学研究所共同选育，2014年通过广东省农作物品种审定委员会审定。该品种为中晚熟品种，6月下旬成熟，果实圆球形，果皮鲜红色，微带金黄色，果实中等大小，可溶性固形物约20%，可食率84.9%，焦核率80%，肉质嫩滑，风味浓郁，品质优，适宜以禾荔、黑叶为砧木高接换种（胡桂兵和黄旭明，2018）[48-49]（孙清明等，2013）。

越州红 该品种发现于广西钦州市浦北县龙门镇南阳殿村一株实生变异单株，由钦州市农业科学研究所、广西壮族自治区农业科学院园艺研究所共同选育，2023年3月经农业农村部审查通过，获得植物新品种权。该品种7月上旬成熟，为晚熟品种，树冠半圆头形，果实外观椭圆形，果皮暗红色，单果重24.8 g，可溶性固形物20.2%，可食率81.38%，焦核率91.8%，果肉蜡白色，不流汁，肉质爽脆，清甜，有香味儿，品质优良（古雅良等，2020）。涂海莲等（2022）分别以草莓荔、黑叶、无核荔为砧木小枝嫁接高接换种越州红，发现该品种与草莓荔、黑叶、无核荔具有较好的砧穗亲和性，且易成花，丰产性好。

章逻荔 该品种为广西平南县实生变异优良品种，在平南县当地为6月中旬成熟，为中熟品种。该品种树姿直立，树势健壮，树冠半圆头形，果实心形，果皮暗红带黄绿色，单果重19 g，可溶性固形物含量22%，可食率82%，焦核率为100%（据平南县章逻荔种植大户陆德培介绍，部分年份焦核率仅有60%），果肉乳白色，内膜褐色部分少，汁液量中等，不流汁，肉质爽脆，蜜甜有香气，品质极优，转色后即可食用，充分成熟后风味最佳。该品种易成花，然而花穗较大，花期偏早，开花时易遭遇低温阴雨，导致坐果率偏低，从而造成大小年严重。该品种当前仅在平南县当地有少量分布，近年来行情向好，售价为60～100元/kg，极具推广潜力（朱建华等，2022）。

第六章 失管荔枝园高接换种改造后至挂果前管理

高接换种改造后至挂果前，树体处于营养生长期。这段时期的主要任务包括：做好高接换种后的管理工作，提高接穗成活率；培养骨架结构合理、枝梢量足且健壮的矮化丰产树冠，为早结果、多结果打下基础。

第一节 提高接穗成活率

接穗的成活率受砧木树势、砧木与接穗亲和性、嫁接时间、嫁接方式、接穗质量、病虫为害程度、肥水管理等多种因素综合影响，嫁接仅仅是完成了高接换种工作的一部分，要保证接穗有较高的成活率及良好的长势，高接换种后的管理工作也是不容忽视的。

一、防晒

重回缩后树体生物量急剧减少，树桩及树盘失去荫庇，暴晒在阳光之下，极易出现龟裂、干枯的现象，轻则造成树势衰弱，不利于接穗抽发新梢，严重时可造成树体直接死亡。做好防晒工作，可以采取以下措施：在树体中间部位留取1~2条抽水枝遮阴；用剪下来的枝叶覆盖树体；保留树干周围的杂草，为树盘及周围环境遮阴，防止土壤温度剧烈变化，保持根系活力，为树体生长营造良好环境。

二、防治病虫害

病虫害防治主要分两个阶段，第一个阶段即刚嫁接完成至新梢抽生，此阶段的主要防治对象是蚂蚁。蚂蚁能够咬破塑料薄膜，啃食嫩芽，造成接穗死亡。因此，高接换种后应及时撒施氰戊菊酯等杀虫药物于树桩、树盘及接穗外的塑料薄膜上，也可以在树桩及塑料薄膜等处喷施高效氯氰菊酯、毒死蜱杀死虫蚁，每7~10天检查1次。第二个阶段即接穗抽梢时期，此时期主要的病虫害有尺蠖、荔枝蛀蒂虫、蟥、卷叶蛾等，害虫主要通过蛀食新梢及嫩叶为害，此阶段应于每次新梢抽生时喷适宜浓度的敌百虫、高效氟氯氰菊酯等药剂。

三、除萌

重回缩后，枝干顶端优势消失，对嫁接口以下的潜芽失去抑制作用，大部分潜芽开始萌发并与接穗竞争营养，导致接穗生长缓慢，严重时逐渐死亡。由于庞大根系的营养供应，不定芽往往数量众多且长势旺盛，很快就能够覆盖接穗，与之争夺阳光。因此，为了保证营养能够集中供应接穗以促进接穗成活及健壮生长，应在接穗占据绝对优势之前每10天左右除萌1次。除萌时可适当保留长势较弱的不定芽以适当遮阴，除去旺盛直立且容易遮挡接穗的不定芽即可。

四、补接

嫁接20天后即可检查接穗是否成活。若接穗变黑、发霉、变干或者松动，则说明接穗已经死亡，需要及时补接。补接时锯掉原有砧木上已经干枯的桩头，以原有砧木做砧木，或利用砧木上老熟的枝梢作砧木，也可以适时锯掉抽水枝作砧木。

五、解缚

接穗成活，三次梢老熟时，即可从基部疏除抽水枝，此时可解除绑带薄膜。解缚时需保留覆盖在砧木锯口处的薄膜，竖直划破砧穗结合处的薄膜即可。解缚不可过早，亦不可过晚。解缚过早，易造成伤口水分大量蒸发，细胞干枯死亡，不利于愈伤组织的形成，造成接穗长势衰弱；解缚过晚，薄膜会嵌入愈伤组织，形成"大小脚"，影响接穗生长发育。

六、肥水管理

嫁接后，塑料薄膜所形成的密闭空间导致伤流液无法排出，会长时间浸泡砧穗结合处，加上薄膜内高温环境的影响，接穗会变黑腐烂，直接导致接穗死亡。嫁接后立刻浇水，会使锯口伤流液增多，不利于接穗的成活。因此，在接穗成活并抽生第一次梢前不宜浇水，接穗第一次梢老熟后，可开始正常肥水供应。

七、锯除抽水枝

待接穗三次梢老熟，基本可以覆盖树桩时，即可锯除抽水枝，锯口要平整，紧贴基部，不留桩头。

第二节 树冠培养

荔枝树冠的培养主要包括两个方面。一是树体骨架的培养。所谓树体骨架，即主干、主枝、侧枝及枝组组成的树体骨架，是水分及营养物质流通的通道，承载着整个树体的花、果、枝叶，同时也是营养物质的"蓄电池"，为花、果、枝梢的发育提供支持。二是叶幕的培养。叶幕主要指树体的叶片，叶片通过光合作用制造碳素营养，通过蒸腾作用产生蒸腾拉力将水肥运往树体各部分，并通过蒸腾作用带走部分热量，保证树体温度的稳定。高接换种所采用的

第六章 失管荔枝园高接换种改造后至挂果前管理

接穗源自已经结果的优良母树,其生理年龄已处于开花坐果阶段,只要保证充足的水肥供应、合理的整形修剪、及时的病虫害防治,促进结构健壮、主侧枝分布合理的骨架及叶片厚大、叶绿层厚的叶幕早日形成,就能够实现早结果、多结果。需要另外指出的是,失管荔枝园中的荔枝树多属自然生长(或弱管理状态下生长),其树形、树冠多为自然形成,绝大多数需改造的荔枝树并无直立中央领导干,因此改造后的树体自然也没有直立中央领导干,也就不便于培养成纺锤形等拥有直立中央领导干的树形。鉴于此,改造后的荔枝树往往更适于培养成自然圆头形、开心形等无直立中央领导干的树形。

一、定干

定干是指确定树体主干的高度。主干的高度与树体水分、养分的运输,行间通风透光程度,抗风性等有密切关系,明显的主干也有利于主干环剥(或环割)工作的开展,树体主干高度的设定应依据品种、土壤肥力、果园立地条件、台风等情况确定。对于树姿较直立、分枝角度小的品种,主干高度可定低一些;对于树姿较开张、分枝角度较大的品种,主干高度可定高一些。对于土壤环境富含腐殖质、肥力强的,主干高度可适当定高一些;对于砂砾土、土壤肥力弱的,主干高度应适当定低一些,以缩短水分及养分的运输距离。对于山地果园,主干可定低一些;平地果园,主干可定高一些。对于内陆等不易受台风影响的地区,主干高度可适当定高一些;反之,则应将主干高度定低一些,以尽量避免受台风影响。一般而言,主干高度适宜定在 0.4~0.6 m(欧良喜等,2003)。对于高接换种改造的树而言,主干的高度即主枝分支处至地面的距离,因此主干的高度是已经确定了的,此种情况下,可在回缩主枝时通过调整砧木的高度来达到类似的效果。

二、主枝及侧枝的培养

所谓主枝，即树体的第一级分枝，对于高接换种的树体而言，接穗抽生的新梢即可作为荔枝树的第一级分枝，即主枝。主枝及侧枝的培养，就是确定主枝及侧枝的条数、分布位置、分枝角度、长度。一般而言，荔枝主枝最适宜的数量是 3~5 条，长势相近且均匀分布在不同的方位，与主干夹角呈 60°~80°。留取砧木时，可选择不同方位且分布均匀的主枝回缩作为砧木，嫁接后长出的新梢若长势过旺、节间过长，可适量喷洒烯效唑溶液抑制新梢徒长，以利于培养矮化树冠（徐炯志，2017）。待第二次梢老熟时，在嫁接口上方 35~40 cm 处打顶，消除顶端优势，促进侧枝萌发。一般情况而言，第二次新梢即将老熟或已经老熟时，即可确定主枝的条数、分布位置、分枝角度等，然而此时嫁接口虽已愈合，却尚未稳固，调整主枝角度时需要拉枝，拉枝则容易导致接穗与砧木从嫁接口处扯裂，造成接穗死亡。此种情况下，可使用尼龙扎带分别绑缚嫁接口上端及下端，确保稳固之后，再轻轻拉枝。

侧枝包括主枝的第一级分枝及若干级分枝形成的枝组。确定主枝后，当主枝生长至 35~40 cm 时可通过短截、摘心等方法促使主枝上抽生出二级主枝。同理，当二级主枝生长至适当长度时，可通过短截、摘心等方法促使二级主枝抽生三级主枝，以此类推。

三、叶幕的培养

要培养叶片厚大、叶绿层厚的树冠，关键在于充足的水肥供应与及时的防虫护梢。高接换种改造后，树体冠幅较小而根系庞大，接穗能够获得充足的营养，因此水肥供应虽然很重要，但不是叶幕培养的重点，叶幕培养的重点在于防虫护梢。这一时期为害的主要害虫有荔枝蛀蒂虫、荔枝尖细蛾、荔枝蝽、茶黄蓟马、金龟子、龟背天牛、白蛾蜡蝉、荔枝瘿螨、蚜虫等，害虫主要吸食嫩茎、嫩梢、嫩叶的汁液或对其直接咬食，从而导致叶片枯萎或脱落，影响光合作用。防治虫害的方式主要包括物理防治与化学防治。物理防治：悬挂频振式杀虫灯或黄板。化学防治：新梢开始抽生和转绿时各喷施一次适宜浓度的敌百虫、氯氰菊酯、毒死蜱、敌敌畏等。

第七章 挂果树的管理

挂果树的最终管理目标是可持续性地实现稳产、丰产。一般而言，高接换种改造后的树体，第三年即可形成树冠并开始投产。挂果树的管理以1年为1个周期，即从采果后的秋梢培养到翌年的挂果、采果。1个管理周期中，管理的主要对象依次为秋梢、花、果实。

第一节 根系

要实现对秋梢、花、果实的有效管理，首先应重视根系的管理，根系健康是秋梢、花、果实生长发育良好的前提与基础。

一、根系的特性

荔枝根系庞大，为树冠的若干倍，然而其水平方向上的吸收根主要分布在树冠滴水线内外20 cm处，竖直方向主要分布在10~150 cm深的土层中，尤其集中分布在20~40 cm深的土层中（邱燕萍，2000）。荔枝的根系忌涝，喜温湿、弱酸性环境（李建国，2008）[178]（邱全敏等，2020）：土壤相对含水量为60%~80%时最利于根系生长；土壤温度为10~20 ℃时，荔枝根系的活力随温度升高而升高，23~26 ℃时达到荔枝根系最适宜活动的土壤温度；荔枝根系生长最适宜pH值为5.03，土壤pH值≤4.64或≥6.46时，荔枝生长显著变差。荔枝的幼根常与真菌共生，形成菌根，菌根在较干旱的环境中仍然可以吸收水分，分解腐殖质，分泌生长素和酶，促进根系活动，使得荔枝树较为耐旱、耐瘠（陈杰忠，

2011）[59]。

二、根系的主要作用

根系角色众多，既相当于树体的双腿，使树体牢牢固定在地上，又相当于树体的嘴巴和大脑，吸收水分和矿物质营养，并指挥树体的各项生命活动。

1. 固地作用

荔枝主产区分布于广东、广西、海南、福建、台湾等沿海或近海地区，易遭受台风危害，尤其是补种不久的驳枝大苗，更易遭受台风的影响，发达强壮的根系有着十分重要的固地作用。根据种苗繁育方式的不同，荔枝苗木分为实生苗、实生砧木嫁接苗、驳枝苗（空中压条苗、圈枝苗）、扦插苗。实生苗、实生砧木嫁接苗有主根，因而根系发达，分布广，抗寒、耐旱、抗涝、抗台风，环境适应能力强；驳枝苗、扦插苗则无主根，在土壤中分布较浅，栽植初期对环境适应能力较差。

1996年7月28日，福建省漳州市平和县发生了一场持续20 min的雷雨大风，使得安厚镇安厚荔枝场8年生的黑叶荔枝倒伏198株，损失惨重（赖金盛，2002）；广西玉林北流市山围镇塘头村某荔枝园的仙进奉定植于2018年6月、7月，苗木为小枝驳枝苗，2021年初步试产，2022年小规模投产，然而投产当年7月2日的一场台风将正值采收的仙进奉果树刮斜甚至刮断共计100余株，占果场仙进奉总株树的10%，损失惨重。树体被风刮倒或刮断后，迎风面的根系和根颈部皮层断裂严重，而背风面的根系及根茎部虽有伤痕但没有断裂，仅需适度回缩修剪减轻树体负担，根茎部培土，折痕处便会产生愈伤组织并长出新根恢复生长。如若立刻将其扶正，反而会对根系及根颈部造成二次伤害，造成植株死亡（赖金盛，2002）。

2. 吸收运输营养元素

树体生长发育过程中，根系是树体吸收并运输水分和矿物质营

养的主要器官。对于荔枝成年结果树而言，根系争夺营养的能力弱于果实和枝梢，此时根系主要起着为树体各个器官输送矿物质营养的作用（李建国，2008）[282]。然而，对于青幼年树或定植不久的树而言，根系却有着强大的争夺、储存营养的能力。2022年玉林市仙进奉整体产量与往年持平甚至略有增加，坐果率普遍保持在八成左右，然而北流市山围镇塘头村某仙进奉荔枝园（驳枝苗，2018年6月、7月定植）却因落果严重导致最终坐果率仅有三成左右，其主要原因很可能与苗龄小、根系比果实争夺营养能力强而导致落果有关。袁荣才和黄辉白（1993）通过对盛花期糯米糍幼树（4年生，砧木禾荔）主干环剥试验，发现未环剥的树在花期、果期有根系和枝梢的生长且落果严重，至采果时已颗粒无存；环剥过的树采果前无新根、新梢生长，至采果时每株树平均有2.9个果实。其原因很可能是因为环剥抑制枝梢生长的同时阻断了碳素营养及生长素向根系运输，使得根系活力也受到了抑制，导致果实争夺营养的能力相对增强。

值得特别讨论的是，环剥对枝梢的抑制是通过"直接"的方式还是通过"直接+间接"的方式实现的，目前尚不十分明确。黄旭明等（2003）通过对禾荔进行非主干环剥，在保证根系活力基本不受影响的前提下，被环剥枝梢的生长依然受到了抑制。驳枝育苗时，育苗枝上的叶片通常先由青变黄，再由黄变青，叶片由黄变青时则往往已经生根（吴仁山等，1986）[55]。王丽敏等（2010）通过对8年生妃子笑每株仅选取5个侧枝环剥的情况下，同样导致被环剥的枝梢生长受阻。这些现象说明了环剥能够直接抑制被环剥枝梢的生长；同时，环剥阻断了光合产物及生长素向根系运输，导致根系饥饿，从而抑制了根系活力，减少了根系对水分和矿物质营养的吸收及细胞分裂素等激素的合成，也确实能够反过来抑制枝梢的生长，从而对枝梢施加间接的抑制作用，所以环剥对枝梢的影响很有可能是通过"直接+间接"的方式实现的。环剥对枝梢的直接影响，很可能是因为韧皮部被割断后，直接阻断了部分矿物质元素向

叶片的运输。王丽敏等（2010）对 8 年生妃子笑部分侧枝环剥处理，发现环剥降低了叶片中磷、钙、铁、锰、铜、锌等营养元素的含量；金磊（2007）通过对杨梅树的侧枝环割、环剥处理，发现处理枝叶片的磷、钾、钙、镁、铁、锰、铜、锌含量均有所降低。由此可见，除根系、木质部外，韧皮部很可能也对矿物质营养的运输发挥着重要的作用。

3. 生命活动的指挥中心

荔枝树体生命活动的节奏及面对逆境时的适应性调节离不开各种植物激素的作用。一方面，根系生长、枝梢抽生、花芽分化、开花挂果、果实发育等生命活动受各种植物激素的调节；另一方面，在面对干旱、盐碱、高温、冷害、机械损伤等逆境时，植物激素发挥着重要的作用，而根系则是细胞分裂素、赤霉素、脱落酸、乙烯等植物激素的主要分泌器官。

三、根系、枝梢与花、果实的互动关系

荔枝的根系与枝梢有着强烈的互动关系，堪称一体两面，主要表现在 3 个方面。

①根系与枝梢之间既存在生长势上的平衡，又存在形态上的对称分布。荔枝的根冠比稳定（付子轼和张承林，2006），根系在水平方向上通常为树冠的 3.3~4 倍（陈杰忠，2011）[58]。根系与枝梢在质量、形态比值上的稳定与平衡似乎暗示了根系与枝梢有趋于某种一致的强烈趋势。短截、回缩、疏枝等任何使枝梢减少的操作也会在一定时间内抑制根系的生长。黄建军等（2022）2019 年 7 月通过对妃子笑（驳枝苗，2011 年离树假植于塑料盆，2018 年定植于根箱）回缩修剪，根系在枝梢被修剪两周内生长速率受到明显抑制；大枝回缩高接换种改造的荔枝树若不适当保留抽水枝为根系提供碳素营养，则会造成根系在短时间内大量死亡，也会因营养供给不足而影响接穗的成活率与长势。秋末冬初清理树盘上的枯枝烂叶制造干旱环境从而抑制根系生长，或深犁断根，往往是抑制冬梢

的有效手段；高温胁迫导致根系活性降低，甚至死亡的时候，必然会造成叶片、果实的脱落；环剥幼树主干保果，会同时对枝梢和根系都产生明显的抑制作用（袁荣才和黄辉白，1993）。

②根系与枝梢角色一致，其主要角色均为"供应商"。根系吸收水分、矿物质营养，通过木质部等运输到其他器官；枝梢通过光合作用制造碳素营养，通过韧皮部输送到其他器官。

③通常情况下，根系与枝梢生长节奏此起彼伏，交替生长（袁荣才和黄辉白，1993）。根系生长高峰出现后，枝梢往往随即开始抽生；枝梢转绿时，根系停止生长；枝梢老熟后，根系又开始恢复活力。结果树根系1年中有3次大的生长高峰（张展薇等，2005）：第一次为5—6月，此次生长高峰往往伴随着夏梢的抽生；第二次为7—8月，此次生长高峰往往伴随着采果后第一次秋梢的抽生；第三次为10—11月，此次根系生长高峰过后往往会抽生冬梢。

荔枝根系与枝梢之间的主流关系是一体两面，然而根系与枝梢毕竟是不同的器官。根系与枝梢虽然交错生长，然而通常是根系生长在先，枝梢生长在后。假如叶片是生产碳素营养的流水线，那么根系就是生产叶片的流水线，根系吸收并输送的各种矿物质营养就是组建叶片的各种零部件。根系是吸收矿物质营养的最主要器官，当矿物质营养供应不足时，叶片便会表现出各种缺素症状，光合作用也会随之受到影响。缺氮时，植株矮小，老叶变黄，严重时叶缘扭曲，叶小，提前落叶；缺磷时，新梢细弱，叶片呈棕褐色，叶尖及叶缘干枯；缺钾时，叶片褪绿，枯斑先在叶尖出现，然后向叶缘及叶基发展，叶片提早脱落，缺钙、镁、锌、硼、铁等元素都会对叶片造成相应的影响。

枝梢需要根系提供的各种矿物质元素，根系也需要枝梢生产的碳素营养。对一般植物而言，植株总的呼吸消耗占光合产物总量的30%~80%，而根系的呼吸消耗就占了其中的30%~65%（Atkin et al., 2003）。据研究，荔枝根系生物量占植株总干重的比例约5%

(Menzel et al., 1995), 其自身储存的碳素营养不及树体储备总量的 10%（李建国, 2008）[286], 尽管目前尚缺乏荔枝根系呼吸作用对碳素营养消耗具体情况的研究, 然而不难想象根系呼吸作用所消耗的碳素营养势必在很大程度上依赖于自身之外的其他来源, 尤其是叶片的光合作用。

根系、枝梢的生长是营养生长, 花、果实的生长是生殖生长。根系、枝梢与花、果实的互动关系一定程度上就是营养生长对生殖生长的成就与竞争。根系与枝梢的一体两面使得我们在讨论营养生长与生殖生长之间相互关系的时候可以笼统地以讨论枝梢与花、果实的互动关系代替。

绝大多数情况下, 枝梢对花、果实的互动关系都会表现出和谐的成就关系, 只是在某些特殊情况下可能会表现出竞争关系。枝梢与花、果实的竞争与品种、树龄、物候期、外界环境条件（光照、温度等）有关, 以下重点阐述枝梢对花、果实的竞争。

①品种。通常而言, 焦核品种的种子败育, 果实对外输出生长素减少, 果实顶端优势减弱, 易促成侧芽萌发, 从而与果实争夺营养; 中晚熟品种花芽生理分化对低温、干旱要求苛刻, 花芽生理分化失败的概率较早熟品种大, 翌年容易出现冲梢等现象。

②树龄。通常而言, 青幼年树比壮年树及老年树的枝梢生长更旺盛, 此阶段枝梢表现出强大的营养争夺能力, 常常造成严重落果, 可以通过拉枝、纺锤形树形改造、螺旋环剥等措施缓解这一问题。

③物候期。枝梢对花的竞争主要发生在花芽形态分化时期, 花芽为混合芽, 同时含有花原基与叶原基, 花穗未占据绝对优势之前都有发生冲梢的可能, 冲梢后可以通过人工摘小叶或叶片刚刚展叶时喷施乙烯利+多效唑解决该问题; 果实发育期间, 夏梢对养分的争夺容易导致落果, 可以通过对夏梢闭环环剥抑制夏梢的生长, 从而减少夏梢与果实争夺养分。

④温度、光照等外界环境条件。花芽形态分化时期温度在

18 ℃以上时有利于小叶的发育，花芽常发育成带叶花穗，超过25 ℃时则完全发育成枝梢；花期、果期连绵阴雨天气造成光合效率低下甚至光合作用受阻，导致叶面积扩大或侧芽萌发，从而造成冲梢或果实变小甚至落果，可以及时喷施光合素提高光合作用效率加以缓解。

第二节　秋梢

荔枝管理是一项兼综合性与灵活性于一体的技术。其综合性在于各个管理环节环环相扣，而1个管理周期中的第一个环节，便是秋梢的管理。

一、秋梢的特性

荔枝是亚热带常绿果树，无明显休眠期，一年四季均可生长，可抽梢多次。荔枝树的新梢一般有3种来源（吴仁山等，1986）[31]：一是短截枝剪口附近（或采果枝果穗折断处）的腋芽所抽生；二是上一次枝梢先端的顶芽所抽生；三是枝干上的不定芽所抽生。

依据抽生季节的不同，可分为春梢、夏梢、秋梢、冬梢，其中，结果树所抽生秋梢（或夏延秋梢）的末次梢是来年的结果母枝，花穗及果实生长发育所需的营养物质一定程度上来自秋梢的转移（姚丽贤等，2017；陈厚彬等，2020），秋梢的质量很大程度上决定着翌年果实产量与品质。通常而言，高质量的秋梢应具备以下特点。

①每一次新梢都能及时抽生，适时老熟。末次秋梢充分老熟是荔枝花芽生理分化成功的重要前提（陈厚彬等，2014）。荔枝采果后至花芽生理分化前是秋梢生长发育的时间，这段时间内树体往往能抽生1~3次秋梢，每次秋梢都要耗时35~45天才能老熟（曾令达，2009）。要保证末次秋梢在冬季低温来临之前充分老熟，就要保证每一次秋梢都能够及时抽生，为秋梢生长提供足够多的时间。

第七章 挂果树的管理

荔枝末次秋梢老熟过早，往往花量大，雌雄比低，花穗浪费营养多，坐果情况不佳，而且容易抽生冬梢；末次秋梢老熟太晚，则往往影响花芽生理分化的质量，不易成花。因此，末次秋梢既不能老熟过早，也不宜老熟太晚，应根据当年气候情况，在天气转冷前及时老熟。

②新梢抽生次数多。荔枝花果发育所需要的营养物质不但依赖秋梢的转移，也与叶量、叶龄有很大的关系。梢次多，为花果发育提供的营养物质就多；叶量多、叶龄小，叶片的功能就更强。据邱燕萍等（1995）对成年、幼年糯米糍（成年树树龄为40年，幼年树树龄为6~7年）和幼年妃子笑（树龄5~6年）不同秋梢结果母枝的营养及其对成花和坐果影响的试验报道，成年糯米糍抽生第二次梢和抽生第一次梢相比，成花率差异不大，且抽生第二次梢情况下花穗缩短、花量减少、雌雄比增大，坐果率显著升高。幼年糯米糍及妃子笑也有类似的结果。

③新梢结果母枝节间偏短，粗壮。通常来讲，秋梢节间越短、越粗壮，成花挂果越好；节间长，纤细，则往往成花难，挂果差。

④叶片质量好。荔枝花果发育所需的大量碳素营养是通过叶片光合作用实现的，可进行光合作用的叶片数越多、叶面积越大、叶片越厚，制造的光合产物的效率就越高，制造的光合产物就越多，越有利于荔枝花果发育。

荔枝秋梢的抽生情况受品种、树龄、树势、挂果情况、纬度、海拔、管理水平等因素综合影响。秋梢从抽生到老熟一般需要35~45天（曾令达，2009），采果后至花芽生理分化前是荔枝秋梢生长发育的时期，以玉林地区为例，此时期一般有120天左右（即6—7月采果后至10月中下旬天气转冷前）。早熟品种5月底至6月上旬采果（如三月红、妃子笑、白糖罂），采果后雨热充足，秋梢有足够的时间及较适宜的生长发育条件，因此秋梢抽生次数相对较多，适宜培养2~3次秋梢；中晚熟品种6月中下旬至7月上旬采果（如桂味、仙进奉、井岗红糯、岭丰糯等），秋梢生长时间相对

较短,抽梢次数相对较少,适宜培养2次秋梢。处于童期的树、暂未挂果的幼树及高接换种后暂无挂果任务的树一年四季均可抽梢,年抽梢可达6次左右;挂果树往往仅在采果后的夏秋季抽梢,一年可抽秋梢1~3次。树势壮旺的树营养供应充分,有助于秋梢及时抽生及生长发育,秋梢抽生次数及质量往往优于树势较弱的树。少挂果或未挂果的树一年四季均可抽梢,一年可抽梢3~5次,且新梢往往是上一次枝梢顶芽继续延伸的结果,挂果树虽也抽生极少量春梢、夏梢,但以抽生秋梢为主,一年可抽生1~3次秋梢,冬梢抽生与否受冬季雨热条件及管理情况影响较大。海南、广东等纬度较低,积温较高的地区荔枝采收早,有充足的时间培养荔枝秋梢,一般可培养2~3次秋梢,福建霞浦、四川合江、云南德宏等纬度较高,积温较低的地区荔枝采收晚,秋梢生长时间有限,积温低,一般可培养1次秋梢。海拔高的产区,积温低,荔枝物候期推迟,秋梢抽生时期也有一定程度推迟,秋梢生长时间减少,反之亦然。土肥水管理、病虫害防治等管理到位的,秋梢抽生、老熟及时,叶片大、厚,节间粗,反之亦然。

二、高质量秋梢结果母枝的培养

高质量秋梢结果母枝的培养需要综合运用土壤灌溉、采后修剪、施肥、病虫害防治、冻害防治等多项措施。

(一) 土壤灌溉

水分是影响荔枝秋梢抽生次数、生长质量的重要因素(张承林和付子轼,2005)。一是缺水会延长秋梢生长发育的时间、两次秋梢的间隔时间,直接减少荔枝秋梢的抽生次数;二是缺水会影响茎的伸长、叶的生长,以及营养物质的积累,从而影响秋梢的质量;三是缺水导致土壤干旱,肥料因不能溶解进土壤从而无法被有效吸收,秋梢也因无法得到充足的营养而受到影响。因此,及时且充足的土壤灌溉是保证荔枝秋梢抽生及生长的必要条件。在土壤灌溉及时且充分的情况下,树体各项生理活动得以正常进行,肥料能

够溶解进土壤且被有效吸收，秋梢能够适时抽生，及时老熟。秋梢抽生期间，末次秋梢老熟之前，如遇连续10天不下雨，则应充分灌溉1次。

（二）合理施肥

根据姚丽贤等（2017）对妃子笑秋梢和花果发育养分需求特性的研究，妃子笑花穗积累的氮、磷、钾、镁、硫、钼全部来自末次秋梢，67.5%的锌和20.2%的硼也来自末次秋梢；果实所累积的磷、镁、硼、钼则部分来自第一次秋梢和第二次秋梢的养分转移。因此，秋梢生长期是一个生长周期中最重要的养分储存期，高质量的秋梢是荔枝成花的关键，也是荔枝高产的重要基础，生产中应避免见花施肥或见果施肥。高质量秋梢的培养关键在于合理施肥，所谓合理施肥，是指施肥的时机要恰当，肥料种类要合适，施肥方式要"因肥而异"，各种元素的投放要适量、均衡。

1. 施肥时机

一般而言，应尽早施肥。荔枝树开花、结果的过程消耗了大量的营养物质，采果后树体处于被"掏空"的状态，碳素营养及矿物质营养降至一个生长周期内最低水平，十分不利于第一次秋梢的萌发及生长，据观察，荔枝树第一次秋梢的质量往往不及第二次秋梢，其原因正在于此。因此，采果后应尽早施肥，不但可以及时为秋梢生长提供营养物质，也可以为其提供充足的时间，有利于培养健壮的秋梢，也有助于末次秋梢在天气转冷前及时老熟。施肥时机通常应早于采后修剪10天左右，或在上一次秋梢接近老熟时施肥，应尽量选择在雨天施肥或施肥后及时灌水以加速肥料的溶解吸收。

2. 肥料种类

较为理想的肥料种类应为化肥配施有机肥，对改良果园土壤、提高果树产量、改善果实品质作用显著。根据姚丽贤等（2017）以白糖罂为试验树（1994年种植），以单施化肥为对照，以化肥分别配施堆沤腐熟后的鸡粪、猪粪、牛粪及新鲜花生麸为4个不同的处理来研究有机肥对荔枝产量、品质及土壤性质影响，结果显示，

2014年除了以化肥配施花生麸稍微减产外，其余增产16.8%~28.5%；2015年以化肥配施花生麸增产14.1%，其余增产41.6%~54.5%；化肥配施有机肥对果实单果重、品质、风味、重金属含量和耐贮性影响不大，但是能显著改善果实颜色，提高果实卖相。需要注意的是，有机肥必须经过充分堆沤腐熟后方可使用，其原因如下：一是未经充分堆沤腐熟的有机肥携带有大量有害微生物、病原菌、寄生虫卵、杂草种子，高温发酵的过程可以将其杀死，减少其对作物和土壤造成的污染；二是有机肥未经发酵直接施入土壤不但无法被根系直接吸收，而且有机物质在土壤中腐熟发酵的过程中会释放大量的热量，容易产生烧苗现象；三是未经充分堆沤腐熟的有机肥中微生物代谢活跃，其代谢过程会和根系竞争氮肥（姚丽贤等，2017）。除禽畜粪便外，沼气肥、塘泥、厩肥、豆渣等也是常用的有机肥。

3. 施肥方式

施肥方式主要有土壤施肥和根外施肥。土壤施肥量大，肥效持续时间久，主要针对氮、磷、钾、钙、镁等大中量营养元素。荔枝根系分布较浅，土壤施肥时沿滴水线开挖30 cm宽、10 cm深的浅沟，撒施后覆土即可。根外施肥是将肥料溶液喷施在叶片、嫩果或其他器官上，具有吸收量少、见效快、针对性强、肥效短的特点，是土壤施肥的重要补充，常以中微量元素为主，在秋梢老熟后至开花前使用。根外施肥时，肥料只有在水溶液中才能被吸收，因此多在早上9时之前或下午4时之后阳光较弱时喷施，下雨天或光照强烈的情况下则不宜喷施。末次秋梢老熟后至花芽分化前，秋梢营养生长停止，逐渐过渡到生殖生长阶段，此阶段是结果母枝花芽分化的关键时期，可在此时期喷施钙肥、锌肥、硼肥等（姚丽贤等，2017）。

4. 施肥量

施肥量是合理施肥的关键，既要避免"不够吃"，又要防止过犹不及。"不够吃"的情况下，植株会表现出各种缺素症状，影响

果实品质、产量；营养元素过量时不但会导致物候期紊乱，果实发育不良，还会浪费人力、物力，徒增成本。例如：秋梢期过量施用氮肥，易导致冲梢，影响成花，继而影响到坐果；果期过量施用钾肥，则容易延迟荔枝成熟，降低果实品质，甚至导致裂果（李建国，2022）[164]。根据荔枝龙眼体系土肥水管理岗位专家姚丽贤的建议，对株产 50 kg 荔枝成年树而言，年施肥量及不同发育时期需肥比例可参考表 7-1、表 7-2。除化肥外，还需分别在采果后、果实发育期分别配施 15 kg/株（以株产 50 kg 计）充分腐熟的鸡粪、牛粪、猪粪、花生麸等有机肥。

表 7-1 株产 50 kg 荔枝成年树养分年施用量

养分	用量/kg
氮	0.7~1.0
五氧化二磷	0.25~0.35
氧化钾	0.8~1.2
钙	0.20~0.25
镁	0.08~0.12

注：数据引自姚丽贤 2023 年 4 月 14 日接受《南方农村报》采访直播。

表 7-2 荔枝不同生育期肥料养分分配　　　　　　　单位：%

养分	采果后	末次梢即将抽出时	果实发育期
氮	30	25	45
磷	50~100	50~0	0
钾	25	20	55
钙	25	20	55
镁	25	20	55

注：数据引自姚丽贤 2023 年 4 月 14 日接受《南方农村报》采访直播。

（三）采后修剪

合理的采后修剪可以起到以下作用：维持树高、树形，避免树体越来越高大直立、结果部位上移，减少管理难度；刺激秋梢抽生，调控枝梢老熟时间，便于统一管理；创造一个骨架结构合理、

营养物质利用高效、通风透光、不易滋生病虫害的树体结构，为秋梢结果母枝的培养创造良好的环境。采后修剪宜在施肥后或采果15天后进行，采果后树体"休息"一段时间再修剪可以充分利用老叶进行光合作用，为秋梢萌发准备充足的碳素营养。采后修剪主要采用疏枝、短截等手法。首先，适量疏除影响树体结构的大枝，在不过多降低生物量的前提下优化树体结构，提高营养物质的利用效率（生物量骤然减少会直接降低来年产量，如的确需疏除过多大枝，可逐年分批进行）；其次，疏除病枝、内膛枝、缠绕枝、过密的重叠枝等，保留水平枝与不及地的下垂枝，拉平耸立的徒长枝，使营养物质能够集中供给留下的枝条，提高枝条质量；最后，对树冠外围的枝梢适当短截，刺激侧芽萌发。

实际生产中，考虑到种植面积过大、人工成本过高等情况，倘若没有明显存在树体结构不合理、无效枝过多等问题，采果的过程即可视为修剪的过程。采果时应折掉"龙头丫"，并尽可能保留叶片。整体而言，修剪会减少生物量，削弱树势，大多数情况下应以轻剪为主，对于树势弱、叶片黄绿或挂果过多的果树，如桂味、仙进奉、岭丰糯等中晚熟品种更宜轻剪。修剪之后的枝条以及烂果、落果应及时清理出园或就地集中焚烧，以减少过冬的虫源。

（四）病虫害防治

病虫害防治主要分两个阶段。第一个阶段即刚嫁接完成至新梢抽生，此阶段的主要防治对象是蚂蚁。蚂蚁能够咬破塑料薄膜，啃食嫩芽，造成接穗死亡。因此，高接换种后应及时撒施氰戊菊酯等驱虫药物于树桩、树盘及接穗外的塑料薄膜上，也可以在树桩及塑料薄膜等处喷施高效氯氰菊酯、毒死蜱杀死虫蚁，每7~10天检查1次。第二个阶段即接穗抽梢时期，此时期主要的病虫害有尺蠖、荔枝蛀蒂虫、蜡、卷叶蛾等，害虫主要通过蛀食新梢及嫩叶为害，此阶段应于每次新梢抽生时喷适宜浓度的敌百虫、高效氟氯氰菊酯等药剂。

（五）梢期冻害防治

低温是促进老熟秋梢完成花芽生理分化的首要条件，然而温度过低则容易造成冷害，甚至冻害，轻则造成树冠外围梢叶干枯，重则导致树干皲裂，甚至树体受冻而死。一般而言，0~4 ℃时树冠外围的新梢、嫩叶开始受害；气温降至 0 ℃时，树体停止生长；气温≤-2 ℃时，达到冻害临界温度，枝条、老熟叶片受害；气温≤-3 ℃时，树体则会被冻死。

据研究（尧金燕等，2010），造成荔枝冻害的外部因素主要有温度及低温持续的时间、地势及风向、管理水平、环境小气候等。气温越低，持续时间越长，荔枝受害越严重；地势低洼处荔枝容易受害，地势较高处则不易受害（对同一树体而言，上层树冠和迎风面树冠易受害，下层树冠及背风面则受害较轻）；水肥管理到位，树势壮旺的树体不易受害；有防护林保护或在大型水体附近的树体不易受害。冻害主要是由无法控制的外部因素引起的，只能适量人为干预以预防或减轻冻害所带来的损失，因此冻害防治应以预防为主，防治结合。建议采取以下措施以期在一定程度上起到防治的作用：一是合理安排秋梢，加强水肥管理，增强树势，确保末次秋梢在天气转冷前老熟；二是在果园内提前囤积足量柴草，观察到有嫩梢、嫩叶受害时及时熏烟，保证每亩地至少有 1~2 处熏烟点；三是若条件允许，可用竹竿或木杆作支柱，在距树冠顶部 1 m 的上方拉铁丝作棚架覆盖塑料膜防寒；四是对于受冻害较轻的植株在天气回暖后及时灌水，尽快恢复树势；五是对于因受霜冻而有枝叶覆着霜晶或霜花的树体，如霜冻不严重，可于霜晶溶解之前淋水除霜；六是对于受冻害较严重的树体，不要急于锯掉受害的枝干，一方面可以避免短期内冻害再次发生从而造成更大的伤害，另一方面可以避免锯掉尚能自我修复的枝干，应待气温回升，新芽萌发时从生死部位交界偏枝梢端处剪断，尽量保留活的组织。

三、花芽生理分化

花芽生理分化过程是枝梢由抽生枝叶转为抽生花穗的过程,是树体由营养生长过渡到生殖生长的关键时期,花芽生理分化受枝梢状态、温度、水分、光照等综合因素影响。从当前的研究情况来看,末次梢充分老熟是多数荔枝品种花芽生理分化成功的前提,足够时间的低温(不致老熟枝梢发生冻害的前提下)是促进花芽生理分化的首要条件,适度干旱(以不致光合作用显著降低、叶绿素破坏、根系死亡和落叶为度)对花芽生理分化有促进作用(陈厚彬等,2014)。

"抽冬梢,春无花",冬季低温条件下枝梢生长缓慢,气温30 ℃左右时荔枝新梢需30天老熟,25 ℃时需48天老熟,20 ℃时需81天老熟,15 ℃时则需150天才能老熟(Batten et al.,1994)。因此,冬梢来不及在花芽分化前形成老熟的末次梢,从而无法完成花芽生理分化。冬梢还会消耗掉秋梢所积累的部分养分,即便控梢及时,也会因为养分的消耗影响到花穗的质量,进而影响到坐果。

防控冬梢一方面在于培养秋梢期间避免过量施肥,以减少冬梢发生的可能性;另一方面则可以综合采用晾根、断根、环剥、环割、扎铁线等物理方法或喷施植物生长调节剂等化学方法进行防控。

①晾根。末次梢老熟后,清理树盘表面的枯枝烂叶等覆盖物,使树盘裸露,增加树盘表面水分蒸发,使土壤逐渐进入干旱状态,降低根系的活力,从而抑制新梢的萌发。

②断根。末次梢老熟后,在吸收根较多的地方(树冠滴水线附近)用锄头或犁耕机断根,挖20~30 cm深的环形沟。断根一方面能够破坏吸收根,直接减少树体对水肥的吸收;另一方面能够加快土壤水分的散失,利于干旱环境的形成,从而抑制营养生长,达到控冬梢促进花芽分化的目的。

③环剥。环剥是将树体主干、主枝或大枝的韧皮部剥去一圈,

以阻断碳素营养、生长素向下运输及矿物质营养、细胞分裂素等向上运输，抑制根系活动，促进枝梢碳素营养的积累，从而达到抑制营养生长、促进花芽分化的目的。螺旋环剥、环割、绞缢也有类似的作用。环剥应在末次梢老熟后（通常叶片质地变硬，对折有响声），依据树势、雨热情况进行，树势壮旺、雨热充沛的情况下，环剥程度可以适当重一些，如采用闭环环剥，或适当增加环剥口宽度；树势较弱、天气干旱情况下，环剥程度可以轻一些，如可以采用螺旋环剥或环割或不环剥。

④喷施植物生长调节剂。末次梢老熟后可以喷施适宜浓度的乙烯利+多效唑溶液抑制冬梢的萌发；若有冬梢抽生，可以喷施适宜浓度的乙烯利溶液杀梢。需要注意的是，过度喷施乙烯利会伤害到芽，影响到花穗的抽生，因此喷施乙烯利杀梢时应遵循宜少不宜多的原则，一方面喷施次数不宜多，另一方面则应"点到为止"，即药液能湿润叶片，但不至于滴水。

⑤喷施除草剂（金峰等，2023）。11月底至12月初在光照条件良好的情况下对准冬梢喷施低浓度的乙氧氟草醚。

第三节　花

"有花未必有果""满树花，半树果"等情况在生产上屡见不鲜。花期管理承上启下，荔枝能否成花取决于花芽生理分化是否成功，果实商品率、最终产量等也与花期管理息息相关。

一、花的特性

荔枝的花为混合花序，花型有雄花、雌花、两性花、变态花，不同花型同株同穗，异熟异开。荔枝花穗大小各异，不同花穗小花数量从数百朵到数千朵不等，其中雄花最多，雌花次之（多数品种雌雄花之比约为1∶4，少数品种达1∶10），两性花、变态花极少，粗略估计仅有不到5%的初始雌花能够发育为成熟的果实，除

雌花外，两性花也能完成授粉受精发育为果实。根据蔡长河等（2011）对早熟品种妃子笑、中熟品种桂味、晚熟品种糯米糍的观察，荔枝花朵开放分为5个时期：第一批雄花开放期，此期雄花持续5~9天，花量占总花量的25%；第一次停顿期，此期持续1~2天；雌花开放期，此期持续3~4天，然而开放期主要集中在2天的时间内，花量占总花量的25%；第二次停顿期，此期持续2~3天；第二批雄花开放期，此期持续8~12天，花量占总花量的50%。多数情况下，同一花穗雌花、雄花开放时不相遇，少数情况下也可能相遇一次或若干次。同一花穗上雌、雄花开放时不相遇的特性不利于授粉受精，然而由于同一株树各花穗发育进程并非完全一致（如受光照等的影响，南部及顶部向阳的花穗先开放，北部、内膛及底部的花穗晚开放），同一片果园不同树的开花情况也各有不同（如靠近路边的树先开花），因此连片果园乃至同一株树的雌、雄花相遇的情况并不算少，此种特性对授粉受精较为有利。

二、雌雄花比例、花量

雌雄花比例很大程度上影响着荔枝的坐果率与产量，雌花占比越大，坐果情况越好，产量越高。雌雄花的比例受品种、树龄（吴淑娴，1998）、花芽分化的质量（陈杰忠，2011）[65]、末次梢次数（邱燕萍等，2001；曾令达，2009）、树体营养状况等综合因素影响。一般而言，丰产稳产性越好的品种雌雄比越高，如三月红、黑叶、禾荔，丰产稳产性越不稳定的品种雌雄比越低，如桂味、挂绿。初结果树的雌雄比往往低于成年树，根据对福建兰竹的观察（吴淑娴，1998），15~16年生的结果树雌花比率为12.18%，成年结果树雌花比率为20.23%。冬季气温较低、干旱适度的年份，花芽分化程度高，雌花占比高；冬季气温湿热多雨，花芽分化程度低，雌花占比低。培养秋梢次数越少，雌雄比越低，培养秋梢次数越多，雌雄比越高。根据邱燕萍等（2001）的研究，培养3次秋梢的幼年树（6~7年生的糯米糍和5~6年生的妃子笑）与培养2

次秋梢的幼年树其成花率差异不大，但是培养3次秋梢的幼年树花量少，雌雄比高，坐果率显著升高；成年树（40年生的糯米糍）也有同样的规律。荔枝开花批次多、花量大，消耗过多养分，从而容易引起落花落果——所谓"荔枝爱花不惜子"即是指荔枝花量大而落花落果严重。

提高荔枝花的雌雄比以提高坐果率，适量减少花量以减少树体营养消耗有利于荔枝的丰产稳产。当前生产上常在第一批雄花刚刚开放时喷施乙烯利+多效唑（或烯效唑）溶液控穗疏花，提高雌花比例，延长花期，从而有效提高初始坐果率。

三、授粉受精

完成授粉受精是果实正常发育的前提。授粉即花粉通过媒介（风媒、虫媒、人工授粉等）落到雌花柱头上的过程。授粉的媒介主要是蜜蜂，苍蝇、蝴蝶、风等也能起到一定的作用，必要时也可以采用人工辅助授粉。受精即花粉粒在适当的条件下发芽，萌发花粉管伸入柱头，经过花柱到达子房，然后释放精子，进行受精作用。受精效果受花粉质量、外界温度等因素的影响。

1. 蜜蜂授粉

一只蜜蜂能携带数百万粒花粉，有效传粉半径可达250 m，一天可采访万余朵荔枝花，传粉效率极高，且蜜蜂授粉还有助于提高坐果率及改善果实品质，是最理想且最常用的授粉媒介。据梁盛凯等（2018）报道，经蜜蜂授粉处理的桂味，其坐果率、产量、糖酸比、维生素C含量均优于无蜂授粉处理的。

第一批花少量开放即可放蜂入园，入园前1周果园及其附近应停止喷洒农药，以防蜜蜂中毒死亡。荔枝花期集中，雌花盛开时间短，为保证授粉充分，应分散放置蜂箱，保证1~2亩地放置1个蜂箱。在放置蜂箱的同时，也可以通过在果园沤粪肥、喷鱼腥水、掩埋死鱼等措施吸引苍蝇等昆虫，以提高传粉效率。

2. 人工授粉

人工授粉是虫媒授粉、风媒授粉的重要辅助措施。通常而言，蜜蜂授粉及风媒授粉即可完成授粉任务，然而如果蜂源有限或遇到连绵阴雨、高温等天气导致蜜蜂等昆虫授粉积极性不佳等情况，授粉受精效果就会大打折扣。连绵阴雨易造成花穗积水，积水浸泡导致花粉发芽率降低的同时引起花穗腐烂并感染霜疫霉病，导致"沤花"现象的发生。高温会缩短雄花、雌花从开放至凋谢的时间，减少授粉受精机会，影响授粉受精效果；高温还会导致雌花柱头易干枯凋萎，不利于授粉。应对连绵阴雨，应在雨晴后及时摇落积水，以减少花穗霉烂死亡情况，降低霜疫霉病的侵染概率；遇到高温时应于早晚喷水提高空气湿度，除此之外，最重要的就是及时进行人工授粉。

人工授粉主要环节有采集花粉、授粉。要尽量采集花粉发芽率高的花粉进行人工授粉，花粉发芽率与品种、雄花批次、天气情况等因素有关。不同的品种，花芽发芽率不同，三月红、糯米糍、桂味、禾荔的花粉发芽率高达70%以上，黑叶的花粉发芽率为50%左右，妃子笑的花粉发芽率仅为20%左右。不同批次的雄花，花粉活力也有差别，第二批雄花的花粉活力要明显优于第一批雄花的花粉（陈杰忠，2011）[65]。晴天采集的花粉发育良好，发芽率高，阴雨天采集的花粉则不够饱满，发芽率低。因此，在条件允许的情况下，应在晴天采集花粉发芽率高的品种的第二批雄花的花粉。采集花粉过程如下：轻摇目标花穗，抖落已经凋谢、失去活力的雄花及其花粉；用干净的湿毛巾在目标花穗上反复轻拍，或将湿毛巾绑缚在长竹竿上在花穗间反复摆动，使其沾满黄色花粉；将沾有花粉的湿毛巾浸入水中，洗出花粉。如此往复拍取若干花穗，即可得淡黄色花粉水。喷施花粉水时，可将花粉水加入适量硼砂促进花粉的发芽及花粉管的伸长，以促进授粉受精。据吴仁山（2000）[14]报道，早熟品种三月红的花粉水中硼砂浓度在0.004%以下能够促进花粉发芽和花粉管伸长，利于受精；超过0.005%对花粉发芽有抑制作

用,超过 0.03% 则会伤害雌花。需要注意的是,采粉、授粉的全程耗时不能过长,应尽量控制在 20 min 以内,因为花粉在水中浸泡时间过长会释放单宁,单宁会抑制花粉的发芽,鉴于此,花粉应即采即用。

3. 合理配置授粉品种

花粉直感效应是指通过不同父本的花粉异花授粉受精后,果实或种子受花粉的影响,在当代的表型性状或组成成分便表现出差异的现象(杨芩等,2020)。花粉直感效应对果树生产有重要的指导意义,一方面可以为配置授粉品种提供依据,另一方面可以为提高果实产量、品质提供指导。充分利用花粉直感效应对提高荔枝产量、改善果实品质意义重大。主栽品种为仙进奉时,可以嫁接少量桂味为授粉品种(通常为主栽品种的 1/10)。根据侯延杰等(2022)以仙进奉自交处理为对照,以桂味、糯米糍、禾荔、紫娘喜、鸡嘴荔共 5 个品种的花粉为仙进奉授粉处理,结果显示,以桂味为授粉品种时,仙进奉着果率最高,达 36.68%;单果重最大,达 26.12 g;可食率最高,达 79.82%;可溶性固形物含量仅次于以紫娘喜为授粉品种的处理,为 21.66%;焦核率为 94.13%,仅次于对照。

四、花芽形态分化

花芽生理分化的结束,即是花芽形态分化的开始。花芽生理分化是枝梢由营养生长向生殖生长的过渡,为花芽形态分化提供物质与能量,是花芽形态分化的前提与基础。花芽形态分化是出"白点"至花穗抽生的过程,是生殖生长的启动与发展(所谓"白点",即呈小米粒状、有白色茸毛的幼芽)。

荔枝的花芽为混合芽,同时含有花原基与叶原基。花芽形态分化受温度、水分、光照等多种因素的影响,其中以温度的影响最为重要。当春季气候温暖而不酷热时(通常为 18 ℃ 以下),花原基发育占优势,混合芽较容易发育为纯花穗;当春季气温偏高且持续

较长时间时（通常为 25 ℃ 以上），叶原基发育占优势，混合芽发育为营养梢；当春季气温同时适合叶原基、花原基发育，或气温出现较大幅度波动时，则可能会出现纯花穗与营养梢之间的过渡状态，即"花包叶"或"叶包花"的情况。混合芽发育为营养梢、"花包叶"或"叶包花"的现象称为"冲梢"。冲梢程度较轻时，荔枝雌雄花比例下降，成花质量降低，坐果率低；冲梢程度严重时，则可导致无花无果，长成春梢。水分对花芽形态分化的启动及花穗的生长发育也有明显的影响。干旱情况下花芽形态分化不易启动，花穗抽生后如遇干旱环境，则荔枝花量减少、雄花增多或完全开放雄花。因此，保证花芽形态分化期间及时且充分的水分供给有助于花芽形态分化同步发端，促进花穗正常发育，为生产优质果实打下基础。

1. 花芽形态分化的启动

花芽生理分化完成后便开始进入花芽形态分化阶段，然而，受多种因素的影响（如长时间低温、土壤干旱、控冬梢程度过重、花芽生理分化不成功等），花芽形态分化往往推迟启动，甚至不能启动。花芽形态分化推迟启动，则花芽形态分化期间容易遭受连续性高温，易提高冲梢的概率、加剧冲梢的程度、降低雌雄比，影响花芽形态分化的质量，导致坐果率下降；花芽形态分化不能启动，则不能成花，也就不能坐果。促进花芽形态分化启动，关键在于恢复和提高根系的活力，生产上常用的方法有灌溉、提高土壤温度、修剪等。

①灌溉。如遇较长时间干旱天气，全园灌水，每 7~10 天灌溉 1 次，直至出"白点"为止。

②提高土壤温度。在一定温度范围内，温度的升高有助于根系活力的恢复与提高，如遇较长时间低温天气，可以用塑料薄膜覆盖树盘提高地温，促进根系活动，进而促进花芽的萌动。

③12 月底至翌年 1 月初适当疏除一些过密枝、弱枝、交叉枝刺激根系生长，改善光照条件有利于花芽的萌动。

2. 花穗管理

花穗以短粗、健壮、花量适中、雌花比例高为最佳,反之,花穗直立徒长、瘦弱细长、花量过大往往消耗过多养分,进而导致雌雄花比例低、落果多、产量不高。目前生产上常采用人工或化学药物调控花穗。

①人工调控。首批花开放前用疏花机或枝剪短截花穗,保留长约 15 cm 的花穗。人工调控虽然能够实现培养优质花穗的目的,然而耗时耗工且效率低下,大面积作业时根本不可能在有限的时间内达到低成本调控花穗的目的,可行性较差。

②化学药物调控。少部分雄花开放时喷施乙烯利+多效唑(或烯效唑)可湿性粉剂。乙烯利与多效唑(或烯效唑)混合液喷施花穗能够起到以下作用:疏除过多花蕾,减少花量,从而减少养分消耗,为果实发育保留更多营养,减少落果;延长雌花、雄花开放的时间,增加雌雄花相遇的机会,提高授粉受精成功的概率;抑制花穗徒长,使花形紧凑,花穗健壮;抑雄促雌,诱导雌花发育,提高雌雄花比例,保证坐果良好(唐志鹏等,2006;夏燕,2009)。化学药物调控具有耗费人工少、效率高的优点,能够在有限的时间内达到调控花穗的目的。需要注意的是,若出"白点"或花穗形成延迟,则应少用或不用多效唑(或烯效唑),以免花期延迟过多遭受高温造成冲梢。

3. 防控冲梢

生产上常在嫩叶较明显时喷施乙烯利杀掉嫩叶,以达到控冲梢的目的。此种方法虽有效,却有以下弊端:一是小叶较明显时天气往往已经明显回暖,此时气温偏高,错过了花穗发育的最佳时期,即便杀小叶成功,花穗发育质量也不高;二是嫩叶的生长会消耗掉较多养分,不但影响到花穗质量,也会影响到后续坐果情况。人工摘小叶也是控冲梢的有效措施,然而在大规模生产上根本不具备可行性。人工摘小叶不但耗费巨大的成本,而且效率低,摘小叶的速度往往赶不上冲梢的速度。建议在小叶初展开时喷施低浓度乙烯利

杀掉小叶，此时气温尚可，小叶也并未消耗过多营养物质。

4. 花期肥水管理

花期肥水管理的目标在于为果实生长发育提供充足的营养，避免因花量太大消耗掉过多养分而造成大量落果。可于雌花谢花后沿滴水线开沟施以化肥配施有机肥，用量可参考本章第二节中"合理施肥"。

第四节 果实

荔枝果实成熟期因品种和区域而异，根据成熟时间大体可分为早熟品种（三月红、香蜜早、桂早荔、妃子笑、白糖罂等）、中熟品种（黑叶、鸡嘴荔、桂味等）、晚熟品种（禾荔、仙进奉、井岗红糯、岭丰糯等）。成熟果实有圆形或心形，果皮多呈红色，也有黄绿色或绿色，果皮表面有瘤状突起的龟裂片，龟裂片上有裂片峰，龟裂片的形状、大小、排列方式及裂片峰的形状因品种而异。果肉白色或黄色，半透明，有种子一枚，黑褐色，按种子败育程度可分为大核果实（禾荔、妃子笑等）、焦核果实（糯米糍、鸡嘴荔、冰荔等）、部分焦核果实（桂味）、无核果实（未授粉受精的禾虾串、无核荔）。

一、果实的发育过程

雌花授粉受精成功后，果实便开始生长发育，根据品种、有效积温（通常为15℃以上）的不同（吴淑娴和钟扬伟，1987），果实需要70~90天才能发育成熟。荔枝果实前期生长缓慢，中后期生长快速，成熟期生长缓慢，符合典型的"S"形生长曲线。据李建国等（2003；2004a）研究，荔枝果实生长发育大体可以分为两个时期，分别为第Ⅰ期和第Ⅱ期（第Ⅱ期又可以分为Ⅱa亚期和Ⅱb亚期），第Ⅰ期生长缓慢，以种皮和果皮生长发育为主，就同一品种而言，第Ⅰ期持续时间越长，果实越大，即果皮越大，为果肉

提供的生长空间越多，果实就越大。李建国等（2004a）于2000年在东莞市虎门镇永丰荔枝场通过对同一株妃子笑不同花期的果实大小与温度之间关系的研究，发现妃子笑早花果与晚花果第Ⅰ期持续时间分别为44天、34天，果实最终大小分别为32.41 g、20.79 g，早花果实比晚花果实大55.9%；第Ⅰ期持续时间往往也是影响果实成熟期的重要因素，如晚熟品种糯米糍、禾荔的第Ⅰ期持续时间约53天（李建国等，2003），早熟品种妃子笑的第Ⅰ期持续时间约40天（李建国等，2004a）。第Ⅱ期以种胚与假种皮（果肉）快速发育为主，其中Ⅱa亚期以种胚快速发育为主，持续时间约14天（糯米糍、鸡嘴荔、观音绿等焦核品种的种子败育，没有明显的Ⅱa亚期）；Ⅱb亚期以假种皮快速发育为主，此时期果肉快速膨大并成熟，果实整体质量急剧增加，持续时间约21天。

二、落果

荔枝素有"爱花不惜子"之说，是指荔枝花量大、落果严重、坐果率低，最终坐果率仅为1%~5%（陈杰忠，2011）[67]。据李建国（2008）[230]研究报道，荔枝落果原因众多且复杂，果实整个发育过程中均有落果发生，然而主要有3~4次生理落果高峰期。第一次生理落果高峰期最为严重，占落果总量的60%，雌花未完全谢花便陆续开始，伴随着第二批雄花盛开达到高峰，一般发生在雌花谢后7~12天，此期落果一定程度上可以起到疏果的作用，若留果过多，树体负载过大，反而会加剧果实在发育过程中对养分的竞争，进而加剧后期落果。导致此期落果的原因一方面是授粉受精不良造成生长类激素含量过低（花穗过长、雌雄花不相遇或相遇时间过短、天气阴冷多雨或高温干旱是造成授粉受精不良的主要原因，花芽生理分化不够成功导致成花质量不高也是授粉受精不良的重要原因），另一方面则是第二批雄花花量过大且开放集中导致短期内养分消耗过多。第二次生理落果高峰期主要发生在雌花谢后25天左右，主要原因为胚乳败育致使种胚发育停顿导致内源激素

失调引起营养供给不足。第三次生理落果高峰期在果实发育进入Ⅱa亚期不久后发生，此时果肉进入快速生长发育阶段，需要消耗大量养分，营养竞争是导致此期落果的主要原因，此外，荔枝树偏好营养生长，此期温度偏高，极适宜根系生长，易促使夏梢萌发或促使已有的夏梢与果实争夺营养造成营养生长与生殖生长失衡，进而加剧此期落果。第四次生理落果高峰期为部分焦核品种所特有，主要发生在采果前10天左右，主要原因可能为焦核品种种子败育导致生长素输出减少，顶端优势减弱导致果实对光合作用所制造的碳素营养摄入不足。糯米糍、鸡嘴荔、观音绿等焦核品种采前落果尤为严重，然而同为焦核品种的仙进奉、岭丰糯、井岗红糯等却十分丰产稳产，产生此种差别的原因暂不十分明确，初步推断可能与以下因素有关：胚乳败育阶段不同（李建国，2022）[112-113]；不同品种之间光合作用效率差异（范妍等，2011）；树体自身的碳素营养储备差异。

导致荔枝落果的原因众多且复杂，品种、树龄、树势、授粉受精质量、激素水平、气候条件、管理程度差异等都会影响荔枝落果程度。花穗管理、提高授粉受精概率与质量、施肥、灌溉、物理措施保果、化学药剂保果等都是常用的保果方法，然而如果机械地采用上述保果方法，则容易头疼治头、脚疼医脚，往往导致事倍而功半。落果的具体原因虽然众多且复杂，然而多数都直接或者间接与果实营养的供给有关。减轻落果可以从以下几个方面着手。

1. 土肥水管理

有效的土肥水管理是保证坐果良好的重要前提。土肥水管理的最终目标是为根系提供一个土壤肥沃、环境稳定的生长发育条件，保证根系在秋梢生长期、花期、果期具有良好的营养吸收能力，为坐果、果实发育奠定充实的营养基础，使得后续管理事半而功倍。果实生长发育期间高温湿热，杂草丛生，适量的杂草能够避免土壤裸露，减少太阳直射造成的水分蒸发，缓冲夏季高温对土壤温度的影响，同时能够提高果园土壤有机质含量、改善土壤结构和土壤理

化性质，为根系提供一个湿润肥沃且相对稳定的土壤环境，保证根系的活力。因此，对于行间株间的杂草，若尚未影响到果园的正常管理，应尽量保留，若对果园管理已经造成不便，可以用割草机适当割除；对于树冠滴水线以内的杂草应及时割除，以减少杂草与果树根系竞争营养，割掉的杂草用来覆盖滴水线以内的树盘，避免树盘裸露暴晒，保持土壤湿度。果实生长发育期间清除杂草时切忌滥用除草剂，否则会造成严重落果（李建国，2004）。人工种植白花三叶草（也称白三叶草、日本草）也是土壤管理的有效手段。根据潘介春等（2019）报道，白花三叶草生长繁殖快、易成坪、植株低矮、生物量大、耐高温和寒冷，适宜选作果园生草的草种。

果实生长发育所需的碳素营养主要有两个来源（李建国，2008）[290-291]：一是光合产物的转运（以当季叶片光合产物为主，青绿色的果皮也能进行光合作用并提供极少量碳素营养）；二是树体自身储存碳素营养的转移。果实生长发育所需矿物质营养则主要来自根系的吸收和枝梢的储存，及时且合理的施肥能够为果实提供充足的营养，从而减少落果。果期施肥以钾肥为主，在果肉开始包裹种子时施肥最佳。

果实整个生长发育过程需要充足且均匀的水分供给，极端的水分变化会加剧落果、裂果。果实生长发育早期若遇较长时间干旱，会影响幼果发育，引起明显落果；早期干旱也会导致果皮发育不充分，加剧后期裂果。若阴雨频繁，雨量过大，则一方面会减弱光合作用，另一方面则会导致内涝，根系活动受阻，营养吸收不足，也会造成大量落果；雨水较多也会加剧病虫害的传播与发生，尤其是果实成熟期会加剧荔枝霜疫病、麻点病的传播，造成大量烂果。因此，果实发育期应遇旱灌水，雨多排涝，避免极端情况的出现。

2. 花穗管理

参照本章第三节中"花穗管理"。

3. 授粉受精管理

综合采用合理配置授粉树、果园放蜂授粉、人工授粉等方式提

高授粉受精的概率与质量。参照本章第三节中"授粉受精"。

4. 化学保果

授粉受精完成后（此时通常雌花的蝴蝶须变黄发干）喷施 2,4-滴；第二次生理落果前（雌花开放约 25 天时）喷施 2,4-滴、赤霉素。

5. 环剥（环割）保果

环剥保果一般针对青幼年树或树势壮旺的树，弱树、老树则不环剥，否则轻则严重削弱树势，重则导致树体死亡。环剥保果一般于末次秋梢老熟后或雌花谢花后进行，为避免过分影响树势，一般采用螺旋环剥。根据黄东光（2000）的研究，螺旋环剥的环剥口的宽度保持在 0.2~0.5 cm，圈数为 1.2~1.8 圈，螺距以大致等于枝干直径为宜。

6. 控夏梢保果

花芽分化失败导致冲梢及花枝落花落果严重，加之夏季高温高湿导致根系活动旺盛，树体往往容易抽生夏梢。荔枝是一种顶端优势强、偏好营养生长的果树（梁立峰，2021），夏梢的萌发与生长极易与果实竞争养分，加剧落果，尤其容易加剧第三次生理落果。应对夏梢的方法如下：避免施用过多氮肥；在长有夏梢的枝干上适度环剥（环割）；从夏梢的基部直接疏除。

7. 病虫害防治

荔枝果期常见且影响最大的病虫害主要为"一虫两病"，即荔枝蒂蛀虫、荔枝霜疫病、荔枝炭疽病。

荔枝蒂蛀虫常造成落果、"粪果"，严重时可导致全园失收。可于谢花后喷 1 次高效氟氯氰菊酯防治；收集第二次生理落果，采用"化蛹进度预测法"预测预报虫情，在卵期、初孵幼虫期、成虫期等关键时期喷施高效氟氯氰菊酯、联苯菊酯（陈炳旭，2017）。

荔枝霜疫病、荔枝炭疽病会造成大量落果、霉果、烂果，遇雨可加速其传播，常在小果期、中果期、果实转色期同时防治。可选

择同时兼治两种病害的杀菌剂，如吡唑醚菌酯、唑酯·代森联、烯酰·吡唑酯、精甲霜·锰锌、霜脲锰锌等。

三、裂果

荔枝鲜果易腐，即便果皮完好，货架期也极其短暂，果皮或果肉开裂的果实更是直接失去了商品价值，还需要浪费人力物力将其销毁，以免成为果园病虫害滋生的源头。荔枝裂果常发生在果实膨大期，其直接原因是：果肉过大，突破了果皮承受的极限；果皮过小或不够结实。裂果与品种、气候因素、施肥措施、土壤等有关。

1. 品种

荔枝裂果明显见于糯米糍、观音绿、无核荔等名优品种。根据"球皮对球胆效应"理论，荔枝果实先长果皮后长果肉，果皮的发育又受限于液态胚乳的生命期限，糯米糍、观音绿、无核荔等品种之所以裂果严重，很可能是因为此类品种胚乳败育过早，继而依次影响到种皮、果皮的发育，最终导致果皮偏小或不够结实所致（Huang and Xu，1983；Huang and Qiu，1987）。

2. 气候因素

气候因素对裂果的影响主要来自雨水：果实发育早中期干旱少雨导致果皮发育不充分（果皮应力不足、果皮变小）；果实膨大期久旱乍雨导致果肉短期内突飞猛进的增长，突破了果皮容纳的极限（李建国和黄辉白，1994；李建国等，2004b）。

3. 施肥措施

钙是影响果皮发育的重要元素，果实发育期间钙元素缺乏会导致果皮应力不足，易导致裂果发生。钙元素缺乏可能是以下原因：一是钙本就属于植物体内不易转移的元素，果皮发育期树体对钙元素的吸收主要来自土壤，倘若土壤中钙元素含量过低或逢旱少雨导致根系对钙元素吸收不足，则易导致果皮中钙含量不足；二是果期过量施用钾肥。通过对广东茂名荔枝园的观察发现，白糖罂果实膨大期偏施钾肥导致裂果明显发生，这与过量的钾抑制了钙元素在果皮中的运输和积累有关（Yao et al., 2020）。果实快速膨大期施氮肥也会加重裂果（陈杰忠，2011）[81]。

4. 土壤

砂质土壤易造成裂果发生，可能主要与砂质土壤保水、保肥能力差，温度、湿度变化剧烈，无法为根系提供肥沃且稳定的土壤环境有关：土壤保水保肥能力差，则果皮容易先天发育不良，为裂果埋下隐患；短期内雨水供应过多造成果肉突发性增长，突破果皮极限，从而从果皮最薄弱处裂果。

5. 减轻裂果的方法

荔枝裂果主要是果皮、果肉发育失调所致，与品种关系最大，目前暂无法通过某一种药剂做到"药到病除"。减轻荔枝裂果的关键是：尽可能创造稳定而肥沃的土壤环境，保证果皮发育充分；果实膨大期避免出现极端且不合理的水肥供应，以免果肉出现突发性增长。

第八章 荔枝采收、保鲜与加工

"行百里者半九十",采收与保鲜是荔枝生产的最后环节,更是整个生产环节中最不容忽视的一环。当前绝大多数荔枝品种的熟期都集中于6月中下旬至7月上旬,对于缺乏熟期优势的品种和产区而言,果实品质的重要性自不待言。科学的采收与保鲜对保持荔枝的品质十分重要。

第一节 荔枝采收

荔枝采收是荔枝园管理的一个重要环节。科学采收对保证商品果率、果实可加工性及秋梢的培养有很大的影响。烈日下采摘的荔枝容易因温度过高而呼吸旺盛,大量消耗果实有机物,导致果实品质急剧下降;雨天采摘不安全,且雨天采摘的荔枝在储存和运输过程中容易感染病害导致腐烂,降低商品果率;果实"退糖"时采收,口感变差,风味全无,失去商品价值。因此按照科学的方法采收荔枝十分必要。

一、成熟度

生产上常通过观察果皮颜色、亲口品尝及根据品种固有成熟期来确定荔枝成熟度。对大多数品种而言,外果皮颜色大部分转红,内果皮开始变红时即可采摘,此时果实往往八成熟,已可呈现固有风味。果实八成熟时采摘最为合适,过之不利于储存、运输,甚至"退糖",逊之则果实尚未发育完全,酸度高、果肉薄,风味不足。需要特别指出的是,妃子笑八成熟时外果皮仅有50%左右为红色,

此时的妃子笑甜中微酸,风味最佳,外果皮完全转红时,果肉则开始变软、淌汁,风味顿减;观音绿成熟时果皮整体呈黄绿色,微红;脆绿成熟时果皮呈绿色,绿中带红。

需要特别强调的是,市场因素永远是首先考虑的。市场的准则不是"荔枝以精品为贵"或"荔枝以好吃为贵",而是"人无我有,人有我优,人优我特,人特我精"。海南荔枝为抢占市场先机,有售卖荔枝青果的现象(果皮大部分为绿色或仅有少部分为红色的荔枝)。据《海口日报》2020年5月13日的报道,海口市琼山区三门坡镇石婷产销专业合作社从2020年4月20日开始向内地城市发送荔枝青果,20天的时间内发货120多万千克,价格最高时可达36元/kg,最低时也有12元/kg,可谓收入可观,产销两旺。

二、采收方法

采收时应避开烈日及雨天。一方面,烈日下的果实温度较高、呼吸旺盛,采后难以快速降温,果实呼吸消耗大量养分,品质急剧下降;雨天采摘,树体湿滑,树盘附近着生青苔,工人攀爬不易,站立不稳,且不少树种植在山坡上,容易造成人员伤亡。另一方面,病虫害会随雨水流淌进果实及剪口,导致果实在储存和运输的过程中容易染病腐烂,也容易导致树体染病,树势减弱。因此一般建议在上午10时之前或下午4时之后采摘,或者在阴天采摘。

采果时应尽量避免采下叶片,手折或使用枝剪均可,建议尽量使用枝剪采果,因为手折会导致果枝因撕扯、拉拽而留下面积大且粗糙的伤口,提高病虫害侵入的概率。荔枝结果母枝与果穗结合处节间粗壮紧凑、养分积累多、芽眼多且饱满,此处易抽生新梢,果农谓之"龙头丫"或"葫芦节"。采果时一般不建议保留此部位,"龙头丫"虽然营养丰富、芽眼较多,然而该处抽生的芽条往往是量多、枝细、瘦弱的丛状枝梢,质量不好,并不利于健壮枝梢的培养。因此,采果时建议直接剪掉。

采下的果实应尽快剔除病果、烂果、虫果、裂果、褐变果,及时运至阴凉处保存,轻拿轻放,避免因挤压、抛掷、碰撞等造成商品果率下降。

第二节 荔枝保鲜

古语有云,荔枝"其实离本枝,一日而色变,二日而香变,三日而味变,四、五日外,色香味尽去矣",荔枝果实离开树体后,极容易变质,此特性一直限制着荔枝的销售半径与货架期。褐变、腐烂是荔枝变质的重要表现,也是消费者用来判断荔枝新鲜程度最直观的方法。研究表明(李建国,2022)[297],荔枝褐变由多种因素造成,其中果皮失水是重要的早期原因。荔枝果皮无蜡质保护,且果皮特殊的外部结构大大增加了果皮的失水面积(黄婉莉等,2017)。果皮失水导致花色素苷流失且受到破坏,从而产生果皮褐变。荔枝采收时节高温、多雨,果实甜度高、营养丰富,为病原菌提供了良好的滋生环境。大量的科学研究及生产实践表明,荔枝霜疫病、炭疽病是引起荔枝腐烂的最主要因素。

一、降温

荔枝进行保鲜处理之前应首先降温处理。荔枝采收时节高温、多雨,果实携带了大量的田间热量,呼吸作用旺盛,果实有机物被快速消耗,风味随之变差。同时,潜伏在果实中的病原菌在湿热环境中更容易繁衍滋生,果实随之加快腐烂。因此,为果实降温,一方面可以尽可能地保持果实的风味;另一方面可以抑制或推迟病原菌的滋生,尽可能保证商品果率。对于就地销售或鲜食的荔枝,通常在采后置于阴凉通风处,使其自然降温。这是一种原始、简单、常用的方法,虽然不可能使果实低于外界环境温度,降温效果有限,但无疑是最经济、最实用的降温方式。对于采收后需长距离、长时间运输的荔枝,通常采用冷库降温或冰水降温的措施。冷库的建设、管理、维护成本较高,然而使用频率却较低,且绝大多数果园规模较小,根本不足以负担起冷库的运维费用,因此绝大多数果园并没有专门的冷库。冰水降温操作简单,仅需将荔枝浸入溶解了杀菌剂(如次氯酸盐)的冰水中浸泡10~15 min即可。

二、保鲜措施

荔枝本身极容易褐变、腐烂,保鲜的首要目的是在保证食品安全的前提下短期内的流通和调节市场供应,而不是长时间储藏。国内外当前较常用的保鲜方式主要为硫处理保鲜(SO_2熏蒸、SO_2缓释剂、亚硫酸盐溶液浸泡等)(黄海雄和黄育强,2014,2008,2006;王丽丽等,2007)。硫处理成本低,效果明显,但是存在着较为严重的食品安全隐患。据王丽丽等(2007)报道,亚硫酸盐或SO_2会破坏维生素B_1,人体长期摄入会影响生长发育,使人体易患多发性神经炎,出现骨髓萎缩等症状,亚硫酸盐还会引发支气管痉挛,食用过量会引起呼吸困难、呕吐、腹泻,气喘患者食入过量,易产生过敏,引发哮喘;长期食用硫黄熏蒸过的食品会造成肠道功能紊乱,引发腹泻、头痛,损害肝脏,影响人体营养吸收,损害人体的消化系统。

国内常用的保鲜方式有泡沫箱加冰保鲜、冷藏运输保鲜。泡沫箱加冰保鲜是将荔枝密封包装在聚乙烯袋内,浸泡在冰块中运输,此种保鲜方式在1天内能够保证果实品质无明显变化,超过1天则果实品质随着冰块溶解、水温升高而急剧下降。冷藏运输保鲜则是将荔枝包装在塑料筐、竹筐中,使用具备制冷效果的车辆运输。此种保鲜方式在4天内能保证果实拥有较好的色泽外观、风味和硬度,好果率达95%以上。目前国内的物流快递行业已经能在4天内到达全国主要销售区,因此冷藏保鲜能够满足绝大多数的保鲜要求。

除以上两种保鲜方式外,气调保鲜、电子束辐照保鲜也是较有效的荔枝保鲜方法。气调保鲜即通过控制环境温度、相对湿度、气体成分及比例抑制荔枝呼吸作用，从而达到保鲜目的。杨松夏等（2014）通过在实验室条件下模拟高速路面车速 70~80 km/h，将妃子笑荔枝保存在温度 3~5 ℃、氧气体积分数 3%~5%、相对湿度 90%~95% 的环境中，发现气调保鲜比冷藏保鲜、加冰保鲜能够更好地抑制果实褐变，保持较好的外观色泽，延长妃子笑的货架期。电子束辐照保鲜已应用于花椰菜（王秋芳等，2011）、芒果（吴庆等，2013）、葡萄（陈志军等，2013）等多种生鲜果蔬的保鲜，适当剂量的电子束辐照对荔枝也有明显的保鲜效果。根据黄略略等（2015）报道，通过电子束辐照，分别以 0.5 kGy、1.0 kGy、1.5 kGy、2.0 kGy 剂量照射糯米糍荔枝，然后再分别于室温下（26~30 ℃）储藏 3 天，低温（4 ℃±1 ℃）下储藏 15 天，结果发现室温下电子束辐照可以使糯米糍荔枝的保鲜期从 1 天延长至 3 天，低温冷藏条件下保鲜期可从 10 天延长至 15 天，且 0.5 kGy 为试验中最佳辐照剂量，照射剂量在 1.5 kGy 以上反而会加快荔枝外观和营养品质的劣变。

第三节　荔枝加工

　　荔枝采收时间集中，储存期短，保鲜难度大，小年时节量少易销，大年时节则往往面临着较大的销售压力，"果贱伤农""丰产不丰收""任凭荔枝烂在枝头无人采摘"等现象屡见不鲜，严重影响了果农的收入，挫伤了果农种植荔枝的积极性，久而久之便增加了失管荔枝园形成的可能性。

　　荔枝加工能够在一定程度上缓解因产量过高，上市过于集中而导致的鲜果价格暴跌问题。常见的荔枝加工品有荔枝干、荔枝罐头、荔枝酒、荔枝汁、速冻荔枝、荔枝果酱等，其中荔枝干是鲜果加工量最大、最常见、技术门槛最低，可直接销售，亦可作为中间产品的加工品，它能够在短时间内消化大量的鲜果，是大年时节维持鲜果价格和销售市场稳定的"压舱石"。

荔枝采收基本集中在6月、7月盛夏时节，日晒法是荔枝干加工最常用且最简单的方法，它是在自然条件下借助太阳辐射和干燥的热风使荔枝中水分蒸发的方法，操作过程无需借助专业的设备，简单易行、成本低，极适合小农户小规模制干（李建国，2022）。日晒法制干虽然成本低，易操作，然而也有着不可忽视的缺点，如晾晒时间较长（往往需15天以上）、荔枝干品质不稳定、易受场地限制、天气要求苛刻等。据陈厚彬等（2022）报道，现今家庭式的小型烘炉已相当成熟，加工鲜荔枝的能力每日能达数百千克至数吨，目前在茂名产区已较成熟地用于制备荔枝干、龙眼干。

参考文献

蔡长河，陈洁珍，欧良喜，等，2011. 荔枝花穗花朵开放习性的观察研究 [J]. 广东农业科学，38（21）：20-24. DOI：10.16768/j.issn.1004-874x.2011.21.059.

陈炳旭，2017. 荔枝龙眼害虫识别与防治图册 [M]. 北京：中国农业出版社：142-150.

陈风波，2012. 越南荔枝产业发展现状及问题 [J]. 中国热带农业（5）：30-31.

陈厚彬，2010. 荔枝产业综合技术 [M]. 广州：广东科技出版社.

陈厚彬，2017. 当前我国荔枝龙眼杧果产业发展面临的重大问题和对策措施 [J]. 中国果业信息，34（1）：11-13.

陈厚彬，2018. 荔枝产业发展报告 [J]. 现代农业装备（4）：22-24.

陈厚彬，欧良喜，李建国，等，2019. 新中国果树科学研究70年：荔枝 [J]. 果树学报，36（10）：1399-1413.

陈厚彬，苏钻贤，2021. 2021年全国荔枝生产形势分析 [J]. 中国热带农业（2）：5-18.

陈厚彬，苏钻贤，陈浩磊，2020. 荔枝"大小年"结果现象及秋冬季关键技术对策建议 [J]. 中国热带农业（5）：10-16.

陈厚彬，苏钻贤，杨胜男，2022. 2022年全国荔枝生产形势分析 [J]. 中国热带农业（3）：5-14.

陈厚彬，苏钻贤，张荣，等，2014. 荔枝花芽分化研究进展 [J]. 中国农业科学，47（9）：1774-1783.

陈厚彬,庄丽娟,黄旭明,等,2013.荔枝龙眼产业发展现状与前景[J].中国热带农业(2):12-18.

陈杰忠,2011.果树栽培学各论(南方本)[M].北京:中国农业出版社.

陈新全,钟敏芝,李平,等,2021.晚熟荔枝新品种"仙进奉"在桂平产区的引种试验初报[J].南方农业,15(19):26-28,32.DOI:10.19415/j.cnki.1673-890x.2021.19.007.

陈玉旭,蔡长河,曾庆孝,2009.糯米糍荔枝香气成分的测定与分析[J].现代食品科技,25(1):91-95.

陈哲,胡福初,周文静,等,2020.间伐技术对荔枝密闭果园的影响[J].中国热带农业(6):67-72.

陈志军,孔秋莲,岳玲,等,2013.电子束辐照对进口葡萄色泽及保鲜效果的影响[J].辐射研究与辐射工艺学报,31(6):48-52.

程红胜,李长友,鲍彦华,等,2010.荔枝柔性去核刀具的设计与试验[J].农业工程学报,26(8):123-129.

程彦玲,张树飞,周庆祥,等,2019.优质荔枝新品种'岭丰糯'生产性试验[J].安徽农业科学,47(19):40-42.

丁莉,张益,金琰,等,2021.乡村振兴背景下海南荔枝产业发展分析[J].农业展望,17(5):31-35.

丁晓波,李锦松,唐永清,等,2019.泸州市引种优质早熟荔枝品种"妃子笑"试验初报[J].中国南方果树,48(3):50-52.

丁晓波,王秀琪,李景明,等,2016."红绣球"荔枝引种试验初报[J].中国热带农业(4):28-30.

董朝菊,2018.越南:出口荔枝9.2万吨[J].中国果业信息,35(9):43.

董晨,李金枝,郑雪文,等,2022.HS SPME/GC-MS法分析荔枝新品种"冰荔"果肉香气成分 [J]. 南方农业, 16 (9)：12-16.

董运来, 2010. 荔枝谱 [M]. 海口：南海出版社.

范满志, 冯海英, 刘国军, 2010. 农民专业合作社发展中存在的问题及建议：包头市留君农民专业合作社个案分析 [J]. 内蒙古金融研究 (6)：60-61.

范妍, 尹金华, 刘成明, 等, 2010. 晚熟荔枝新品种：岭丰糯的选育 [J]. 果树学报, 27 (5)：852-853, 664. DOI：10.13925/j.cnki.gsxb.2010.05.037.

范妍, 尹金华, 罗诗, 等, 2011. 荔枝新品种岭丰糯的光合性能指标研究 [J]. 中国南方果树, 40 (4)：13-15. DOI：10.13938/j.issn.1007-1431.2011.04.027.

付子轼, 张承林, 2006. 荔枝空中压条苗根系生长动态及与地上部生长的相互关系 [J]. 华南农业大学学报 (2)：13-16.

高贤玉, 张惠云, 王跃全, 等, 2014. 马贵荔荔枝引种试验初报 [J]. 热带农业科技, 37 (1)：16-18. DOI：10.16005/j.cnki.tast.2014.01.009.

高贤玉, 左艳秀, 张惠云, 等, 2012. 贵妃红荔枝引种试验初报 [J]. 热带农业工程, 36 (4)：8-10.

高新一, 2009. 果树嫁接新技术 [M]. 北京：金盾出版社：19.

古雅良, 李彦彦, 吕斌, 等, 2020. 优质迟熟荔枝新株系越州红 [J]. 南方园艺, 31 (5)：20-21.

郭映云, 钟敏芝, 李平, 等, 2021. 晚熟荔枝"观音绿"在桂平产区的引种试验初报 [J]. 南方农业, 15 (4)：59-62. DOI：10.19415/j.cnki.1673-890x.2021.04.014.

禾本, 2019. 越南：荔枝出口居全球第二 [J]. 中国果业信息, 36 (7)：36.

何煌明, 2020. '井岗红糯'荔枝在云霄县的引种表现及栽培

技术［J］.东南园艺,8(5):48-50.

侯延杰,李鸿莉,邱宏业,等,2022.花粉直感对"仙进奉"荔枝效应的研究［J］.中国南方果树,51(4):53-57. DOI:10.13938/j.issn.1007-1431.20220183.

胡福初,陈哲,吴凤芝,等,2020a.海南荔枝产业发展现状与对策建议［J］.中国热带农业(4):29-33.

胡福初,周文静,陈哲,等,2020b.早熟荔枝新品种"桂早荔"在海南陵水的引种表现［J］.中国南方果树,49(1):89-93. DOI:10.13938/j.issn.1007-1431.20190422.

胡桂兵,黄旭明,2018.荔枝新品种和高接换种技术图说［M］.广州:广东科技出版社.

胡卓炎,余小林,赵雷,等,2013.荔枝龙眼主要加工产品生产现状［J］.中国果业信息,30(6):13-19.

黄川,李叶清,陈艳艳,等,2021.国内荔枝新品种果实性状综合评价筛选［J］.中国南方果树,50(2):79-83. DOI:10.13938/j.issn.1007-1431.20210145.

黄东光,2000.荔枝丰产栽培技术［M］.广东:广东高等教育出版社:135-136.

黄凤珠,彭宏祥,朱建华,等,2011.荔枝新品种'贵妃红'和'草莓荔'嫁接亲和性试验［J］.亚热带植物科学,40(3):8-11.

黄海雄,黄育强,2006.防止荔枝果皮褐变的技术方法［J］.广东农业科学(3):106-107. DOI:10.16768/j.issn.1004-874x.2006.03.054.

黄海雄,黄育强,2008.荔枝产业化贮藏保鲜技术:浅谈自然对流式或强制对流式冷藏库(柜)在荔枝贮藏保鲜中的应用［J］.保鲜与加工(1):52-54.

黄海雄,黄育强,2014.不同剂量SO2保鲜剂对冷处理护色荔枝贮藏安全品质的影响［J］.保鲜与加工,14(2):7-11.

黄建军，刘培，蔡宗渊，等，2022. 修剪对'妃子笑'荔枝枝梢和根系发育的影响［J］. 中国热带农业（1）：51-57.

黄略略，乔方，方长发，等，2015. 电子束辐照对糯米糍荔枝采后保鲜效果的研究［J］. 食品工业，36（2）：143-146.

黄氏水仙，2019. 越南水果对中国出口竞争力研究［D］. 南宁：广西大学：38.

黄婉莉，郑诚乐，王星剑，等，2017. 低温贮藏荔枝果皮结构与采后失水、褐变的关系研究［J］. 中国果树（1）：46-48，102. DOI：10.16626/j.cnki.issn1000-8047.2017.01.012.

黄旭明，王惠聪，袁炜群，2003. 荔枝环剥时期对新梢生长及碳素储备的影响［J］. 园艺学报（2）：192-194. DOI：10.16420/j.issn.0513-353x.2003.02.016.

蒋侬辉，黄泽鹏，刘伟，等，2019. 电商物流包装贮运对'翡脆'荔枝贮藏品质的影响［J］. 食品工业科技，40（18）：249-254.

蒋侬辉，刘伟，袁沛元，等，2016. '御金球'荔枝果肉挥发性成分的顶空固相微萃取GC-MS分析［J］. 江西农业大学学报，38（5）：829-835.

金峰，向旭，邱燕萍，等，2023. 乙氧氟草醚对桂味荔枝冬梢控杀效果及内源激素影响的研究［J］. 核农学报，37（9）：1894-1903.

金磊，2007. 环割、环剥对杨梅树体生长、营养、光合特性及品质的影响［D］. 福州：福建农林大学.

赖金盛，2002. 被风吹倒的高压荔枝苗不宜扶正［J］. 中国南方果树（1）：32.

李长友，马兴灶，程红胜，等，2014. 荔枝定向去核剥壳机设计与试验［J］. 农业机械学报，45（8）：93-100.

李存贵，2020. 基于Logistic模型的农户土地规模经营意愿分析[J]. 统计与决策, 36 (2): 97-100.

李冬波, 彭宏祥, 徐宁, 等, 2023. 35 个荔枝品种与'怀枝'高接换种的亲和性及性状评价[J]. 西南农业学报, 36 (2): 386-395.

李发勇, 林玲, 刘冬峰, 等, 2021. 荔枝糯米糍的引种试验[J]. 浙江农业科学, 62 (4): 719-720.

李鸿莉, 彭宏祥, 朱建华, 等, 2017. 优质荔枝新品种'桂荔1号'的选育[J]. 果树学报, 34 (1): 125-128. DOI: 10.13925/j.cnki.gsxb.20160273.

李鸿莉, 徐宁, 秦献泉, 等, 2018. 贵妃红荔枝种植现状及推广前景分析[J]. 南方园艺, 29 (3): 14-17.

李建国, 2004. 荔枝栽培实用技术[M]. 北京: 中国农业出版社: 134.

李建国, 2008. 荔枝学[M]. 北京: 中国农业出版社.

李建国, 2022. 中国果树科学与实践: 荔枝[M] 西安: 陕西科学技术出版社.

李建国, 黄辉白, 1994. 久旱骤雨诱发荔枝裂果原因探析[C]//中国园艺学会. 中国园艺学会首届青年学术讨论会论文集. 中国农业出版社: 4.

李建国, 黄辉白, 黄旭明, 2003. 荔枝果实发育时期的新划分[J]. 园艺学报 (3): 307-310. DOI: 10.16420/j.issn.0513-353x.2003.03.015.

李建国, 黄辉白, 黄旭明, 2004a. 妃子笑荔枝早花果和晚花果大小不同与温度的关系[J]. 果树学报 (1): 37-41.

李建国, 黄辉白, 黄旭明, 2004b. 环切对糯米糍荔枝果实大小和裂果的影响[J]. 果树学报 (4): 379-381. DOI: 10.13925/j.cnki.gsxb.2004.04.024.

李美桂, 谢钟琛, 郑宇, 等, 2008. 西藏果业可持续发展对策[J]. 园艺学报 (6): 899-908.

李瑞强，彭宏祥，朱建华，等，2009. 优质荔枝新品种'草莓荔'开花与落果特性观察［J］. 亚热带植物科学，38（4）：12-14.

李莎，2021. 合江县农业产业扶贫问题及对策研究［D］. 重庆：西南大学.

李想，2018. 荔枝去核去皮加工关键技术研究与试验［D］. 广州：华南农业大学.

李永忠，卢七带，王泽槐，等，2008. 优质荔枝新品种脆绿的选育及其性状表现［J］. 广西农业科学（5）：660-663.

李于兴，李锦松，唐永清，等，2017. 特迟熟荔枝品种"马贵荔"荔枝引种试验初报［J］. 中国热带农业（4）：25-27.

李智君，李承哲，2020. 小冰期福建省寒冷期的气候与生态变化［J］. 亚热带资源与环境学报，15（4）：1-14.

梁碧云，2016. 广西贵港市龙眼产业发展现状与对策研究［D］. 南宁：广西大学.

梁立峰，2021. 荔枝成花过程及其重要制约因子［J］. 广东农业科学，48（4）：37－46. DOI：10.16768/j. issn. 1004－874X. 2021. 04. 006.

梁瑞龙，2015. 荔枝木："中国酸枝"［J］. 广西林业（2）：29-30.

梁盛凯，洪日新，周大维，等，2018. 广西荔枝蜜蜂访花行为及授粉效果研究［J］. 西南农业学报，31（12）：2723－2728. DOI：10.16213/j. cnki. scjas. 2018. 12. 043.

林金利，蓝翠珍，叶建东，等，2021. 优质荔枝'凤山红灯笼'高接换种及栽培技术［J］. 热带农业工程，45（3）：4-6.

刘成明，胡桂兵，黄穗生，等，2014. 晚熟优质荔枝新品种'庙种糯'［J］. 园艺学报，41（3）：595－596. DOI：10.16420/j. issn. 0513-353x. 2014. 03. 021.

刘金榕,2023.数字农业助力荔枝产业转型研究：以广西灵山县为例[J].热带农业科学,43(3):121-125.

刘伟,廖美敬,蒋依辉,等,2019.荔枝新品种'北园绿'的选育[J].果树学报,36(2):253-255.

刘向东,宁丰南,2013.北流荔枝发展现状、存在问题及对策建议[J].农业科技通讯(7):28-29.

柳春慈,2009.中国特色现代农业的组织基础探讨：以惠东县四季鲜荔枝专业合作社为例[J].乡镇经济,25(1):79-83.

卢美英,徐炯志,郭德良,2007.怎样提高荔枝栽培效益[M].北京：金盾出版社:134.

吕润,梁彩红,邹海平,等,2021.海南妃子笑荔枝精细化农业气候区划研究[J].热带农业科学,41(12):117-122.

罗永强,2021.乡村振兴视域下合江县荔枝产业发展对策[J].安徽农学通报,27(23):61-62.

马健,陈思雀,2013.从"土"专家到现代农场主：记"中国荔枝大王"叶钦海[J].农村工作通讯(8):58-59.

马锞,谷超,刘远昌,等,2016.荔枝新品种'唐夏红'[J].园艺学报,43(8):1621-1622.DOI:10.16420/j.issn.0513-353x.2015-0823.

马锞,谷超,尹君乐,等,2015.'观音绿'荔枝香气成分的顶空固相微萃取GC-MS分析[J].华南农业大学学报,36(2):113-116.

马锞,胡锐清,尹金华,等,2011."红蜜荔"荔枝的生长特性及栽培技术要点[J].中国南方果树,40(5):89-90.

马锞,赖旭辉,胡锐清,等,2019.荔枝新品种'冰荔'[J].园艺学报,46(3):605-606.

马锞,赖旭辉,胡锐清,等,2018a.荔枝园简易肥水管道建设与应用[J].中国热带农业(4):69-70,74.

马锞，李建国，赖旭辉，等，2018b. 果园管道喷药系统建设及效益分析 [J]. 中国南方果树，47（2）：165-166，169.

马帅鹏，柯立祥，梁佑慎，等，2012. 台湾荔枝产业发展概况与展望 [J]. 广东农业科学，39（6）：53-57.

欧良喜，陈洁珍，2006. 荔枝种质资源描述规范和数据标准 [M]. 北京：中国农业出版社.

欧良喜，陈洁珍，蔡长河，等，2012. 优质荔枝新品种：凤山红灯笼的选育 [J]. 果树学报，29（2）：314-315，156. DOI：10.13925/j.cnki.gsxb.2012.02.029.

欧良喜，陈洁珍，邱燕萍，等，2003. 荔枝无公害生产技术 [M]. 北京：中国农业出版社：50.

欧良喜，陈洁珍，向旭，等，2010. 荔枝种质资源的研究现状与展望 [J]. 中国热带农业（4）：33-36.

欧阳若，梁元冈，刘成明，等，2002. 特迟熟荔枝新品种：马贵荔的选育 [J]. 中国南方果树（4）：42-44.

欧阳若，王泽槐，胡桂兵，等，2005. 高商品性荔枝新品种'荷花大红荔'的选育 [J]. 果树学报（1）：91-92，2.

潘崇环，1960. 环状剥皮对荔枝扦插及李树结果和生长的影响 [J]. 植物生理学通讯（2）：20-27.

潘介春，徐石兰，丁峰，等，2019. 生草栽培对龙眼果园土壤理化性质和微生物学性状的影响 [J]. 中国果树（6）：59-64. DOI：10.16626/j.cnki.issn1000-8047.2019.06.012.

彭宏祥，朱建华，刘业强，等，2007. 焦核优质荔枝新品种'草莓荔' [J]. 园艺学报（6）：1592.

齐文娥，陈厚彬，李洁欣，2023. 2022年中国大陆荔枝产业发展状况、趋势与对策 [J]. 广东农业科学，50（2）：147-155.

齐文娥，陈厚彬，李伟文，等，2016. 中国荔枝产业发展现状、趋势与建议 [J]. 广东农业科学，43（6）：173-179.

齐文娥，陈美先，萧子杰，2019. 服务渠道选择行为及其影响因素研究：以广东省荔枝种植户为例 [J]. 湖南农业科学（4）：103-107.

齐文娥，宋凤仙，2021. 荔枝种植户是否存在适度生产经营规模：基于土地生产效率的视角 [J]. 江西农业学报，33（3）：146-150.

邱全敏，王伟，吴雪华，等，2020. 华南荔枝园土壤 pH 状况及荔枝生长适宜的土壤 pH [J]. 中国土壤与肥料（6）：89-99.

邱燕萍，2000. 荔枝高效益栽培技术 200 问 [M]. 北京：中国农业出版社：44.

邱燕萍，欧良喜，李志强，等，2008. 荔枝新品种红绣球的选育 [J]. 中国果树（5）：8-9，81. DOI：10.16626/j.cnki.issn1000-8047.2008.05.004.

邱燕萍，袁沛元，张展薇，等，1995. 荔枝不同秋梢结果母枝的营养及其对成花与坐果的影响 [J]. 广东农业科学（2）：22-25.

邱燕萍，张展薇，王碧青，等，2001. 荔枝幼年结果树不同时期末次梢的营养及其对成花、坐果的影响 [J]. 广东农业科学（5）：19-21. DOI：10.16768/j.issn.1004-874x.2001.05.008.

宋云连，罗心平，王跃全，等，2021. 2 个引种荔枝品种在云南怒江干热河谷地区的品质性状 [J]. 贵州农业科学，49（8）：115-119.

苏伟强，彭宏祥，朱建华，等，2005. 荔枝新品种贵妃红的选育 [J]. 中国果树（4）：12-13，39，67. DOI：10.16626/j.cnki.issn1000-8047.2005.04.006.

苏钻贤，黄姜，申济源，等，2024. "妃子笑" 荔枝高产若干生长发育性状 [J]. 中国南方果树，53（1）：110-119.

苏钻贤，杨胜男，陈厚彬，等，2020. 2020年我国荔枝主产区的生产形势分析［J］. 南方农业学报，51（7）：1598-1605.

隋博文，王付存，2016. 早期收获计划下广西农产品生产贸易演进特征及应对策略：以荔枝与龙眼为例［J］. 广西经济管理干部学院学报，28（1）：83-86，108.

孙清明，李永忠，向旭，等，2013. 利用SNP和EST-SSR分子标记鉴定荔枝新种质御金球［J］. 分子植物育种，11（3）：403-414.

唐大成，李彩，瞿友琼，等，2023. 重庆市荔枝优质丰产栽培技术简介［J］. 中国果业信息，40（12）：73-76，80.

唐志鹏，蒋晔，甘霖，等，2006. 乙烯利和多效唑对鸡嘴荔内源激素和花芽分化的影响［J］. 湖南农业大学学报（自然科学版）（2）：135-140.

涂海莲，李彦彦，凌启昌，等，2022. 荔枝新株系'越州红'在钦州产区的栽培表现［J］. 中国热带农业（6）：12-17.

王加义，陈家金，林晶，2011. 基于不同地形的福建荔枝低温冻害分析［C］//中国气象学会. 第28届中国气象学会年会：S11气象与现代农业.［出版者不详］：131-135.

王俊，杨巧云，马庆州，2011. 整形修剪实用操作技术［M］. 郑州：中原农民出版社：48.

王丽丽，纪淑娟，李顺，2007. 食品中二氧化硫及亚硫酸盐的作用与检测方法［J］. 食品与药品（2）：64-66.

王丽敏，王惠聪，李建国，等，2010. 枝梢环剥对荔枝新梢生长和叶片矿质营养的影响［J］. 果树学报，27（2）：257-260. DOI：10.13925/j.cnki.gsxb.2010.02.020.

王倩，赵立春，周改莲，等，2020. 荔枝核研究进展及其质量标志物预测分析［J］. 食品工业科技，41（6）：343-350.

王秋芳，乔勇进，陈召亮，等，2011. 高能电子束辐照对花椰菜保鲜效果的研究［J］. 南京农业大学学报，34（1）：

133-136.

王秋萍,2022. 海南:特早熟荔枝上市 [J]. 中国果业信息,39 (3):61.

王慰祖,陆华忠,杨洲,等,2012. 荔枝龙眼园机械化现状调查分析 [J]. 农机化研究,34 (3):237-241.

王燕,李于兴,刘昌质,等,2021. 合江荔枝产业发展现状与对策 [J]. 热带农业工程,45 (3):33-35.

王泽槐,刘秀荣,陈衬喜,等,2012. 荔枝新品种'观音绿' [J]. 园艺学报,39 (8):1615-1616. DOI:10.16420/j.issn.0513-353x.2012.08.026.

王震红,2010. 荔枝龙眼文化与产业发展 [D]. 福州:福建农林大学.

文英杰,欧良喜,史发超,等,2023. 国家荔枝香蕉种质资源圃(广州)的荔枝资源保存现状及创新利用 [J]. 植物遗传资源学报,24 (5):1205-1214.

吴敏,2016. 包装和贮藏条件对荔枝果汁品质的影响研究 [D]. 广州:华南农业大学.

吴庆,岳玲,孔秋莲,等,2013. 电子束辐照对进境杧果、阳桃品质及货架期的影响 [J]. 上海农业学报,29 (3):40-43.

吴仁山,2000. 荔枝栽培工作历 [M]. 南宁:广西科学技术出版社.

吴仁山,张国辉,胡友群,等,1986. 广西荔枝志 [M]. 广州:广东科技出版社.

吴淑娴,1998. 中国果树志荔枝卷 [M]. 北京:中国林业出版社:60.

吴淑娴,钟扬伟,1987. 温度对"糯米糍"荔枝果实生长发育的影响 [J]. 中国果树 (4):13-15. DOI:10.16626/j.cnki.issn1000-8047.1987.04.005.

夏燕, 2009. 乙烯诱导荔枝花性分化的效应和细胞化学机理初探 [D]. 福州: 福建农林大学.

向旭, 2020. 广东荔枝产业发展瓶颈与产业技术研发进展 [J]. 广东农业科学, 47 (12): 32-41.

向旭, 颜昌瑞, 柯立祥, 等, 2012. 台湾省荔枝育种概况与新品种选育进展 [J]. 现代农业科技 (7): 141-143, 146.

肖佳鹏, 左两军, 花鹏辉, 等, 2022. 中小荔枝种植户电商销售渠道选择现状及特点分析: 基于"两广"地区的调查 [J]. 南方农村, 38 (4): 16-22.

徐海明, 全林发, 陈炳旭, 等, 2019. 密闭与间伐荔枝园害虫群落多样性及时空动态分析 [J]. 果树学报, 36 (4): 493-503.

徐炯志, 2017. 荔枝高接换种关键技术 [J]. 农村新技术 (7): 15-16.

徐宁, 曾世江, 朱建华, 等, 2017. 荔枝新品种'桂荔2号' [J]. 园艺学报, 44 (5): 1011-1012. DOI: 10.16420/j.issn.0513-353x.2016-0667.

徐灼辉, 曾庆祝, 苏东晓, 等, 2020. 不同品种荔枝果皮酚类物质组成及其抗氧化活性比较 [J]. 热带作物学报, 41 (3): 564-571.

许坚, 1994. 攀枝花的荔枝栽培技术 [J]. 四川林业科技 (3): 63-66.

薛进军, 周咏梅, 罗致, 2006. 龙眼幼树整形研究 [J]. 果树学报 (6): 884-887.

薛也, 2021. 合江县小农户衔接大市场问题研究 [D]. 重庆: 西南大学.

杨从金, 1992. 金沙江干河谷地区荔枝发展的前景 [J]. 四川果树科技 (1): 55-57.

杨芩, 刘雅兰, 张婷婷, 等, 2020. 果树花粉直感效应形成机

理研究进展［J］. 经济林研究，38（2）：235-240. DOI：10.14067/j.cnki.1003-8981.2020.02.030.

杨松夏，吕恩利，陆华忠，等，2014. 不同保鲜运输方式对荔枝果实品质的影响［J］. 农业工程学报，30（10）：225-232.

杨万清，朱建华，李云昌，等，2013. 荔枝新品种'北通红'［J］. 园艺学报，40（7）：1413-1414.

尧金燕，龙兴，潘介春，等，2010. 2009年广西荔枝、龙眼寒冻害调查与分析［J］. 广西农业科学，41（9）：965-967.

姚丽贤，周昌敏，何兆桓，等，2017. 荔枝年度枝梢和花果发育养分需求特性［J］. 植物营养与肥料学报，23（4）：1128-1134.

姚丽贤，周昌敏，王祥和，等，2017. 施用常用有机肥对荔枝产量、品质及土壤性质的影响［J］. 中国土壤与肥料（5）：87-93.

叶向阳，吴晓方，李花，等，2021. 晚熟荔枝新品种'桂爽'［J］. 园艺学报，48（S2）：2817-2818. DOI：10.16420/j.issn.0513-353x.2021-0314.

佚名，2018. 越南荔枝产量创近5年新高，数十万吨越南荔枝大举入市［J］. 世界热带农业信息（4）：18-19.

佚名，2020. "中国最大的果园"炼成记［J］. 农家之友（9）：2-8.

尤胡利，2012. "荔枝优良品种'岵山晚荔'的选育与应用"项目通过评审［J］. 中国果业信息，29（5）：66.

虞小保，邓金浩，2021. 2020年广西荔枝产业观察与思考［J］. 南方农机，52（9）：99-100.

袁荣才，黄辉白，1993. 从调节源—库关系看环剥对荔枝幼树根梢生长与坐果的调控［J］. 果树科学（4）：195-198. DOI：10.13925/j.cnki.gsxb.1993.04.002.

曾蓓，吕建秋，谢志文，等，2019. 广东省荔枝加工企业发展现状及对策建议：以粤西、粤东荔枝加工龙头企业为例［J］. 农业科技管理，38（4）：81-85.

曾令达，2009. 荔枝开花结果调控研究进展［J］. 广东农业科学（5）：72-77. DOI：10.16768/j.issn.1004-874x.2009.05.039.

翟雪玲，2009. 中国-东盟自贸区对我国广西农业及农民收入的影响研究：以龙眼、荔枝为例［J］. 国际贸易问题（1）：73-80.

张蓓，吕立才，庄丽娟，2011. 我国荔枝生产的区域性布局及发展分析［J］. 广东农业科学，38（23）：174-176.

张承林，付子轼，2005. 水分胁迫对荔枝幼树根系与梢生长的影响［J］. 果树学报（4）：339-342.

张惠云，高贤玉，王跃全，等，2019. 云南荔枝龙眼产业发展思考［J］. 热带农业科学，39（3）：115-119.

张惠云，高贤玉，张翠仙，等，2015. 井岗红糯荔枝引种试验初报［J］. 热带农业科学，35（12）：41-43.

张惠云，高贤玉，左艳秀，等，2014. 几个荔枝品种果实综合性状比较分析［J］. 南方农业学报，45（8）：1429-1432.

张惠云，高贤玉，左艳秀，等，2016. 红绣球荔枝引种试验初报［J］. 中国南方果树，45（4）：72-73. DOI：10.13938/j.issn.1007-1431.20150438.

张惠云，王跃全，高贤玉，等，2020. 早熟荔枝新品种'燎原1号'的选育［J］. 果树学报，37（8）：1264-1267. DOI：10.13925/j.cnki.gsxb.20200061.

张林泉，龚丽，苏建，2005. 荔枝果肉果汁深加工前处理工艺及设备［J］. 食品与机械（2）：44-45.

张树飞，乔方，胡桂兵，等，2022. 晚熟荔枝新品种'红脆糯'［J］. 园艺学报，49（S2）：73-74. DOI：10.16420/

j. issn. 0513-353x. 2021-1137.

张展薇,袁沛元,邱燕平,等,2005. 荔枝高产栽培 [M]. 北京:金盾出版社:58.

张哲玮,邓永兴,颜昌瑞,2009. 台湾荔枝育种 [C]//广东省园艺学会荔枝龙眼科技协会,台湾屏东科技大学,广东省农业厅种植业管理处,华南农业大学园艺学院,广东省农业科学院果树研究所. 海峡两岸荔枝龙眼产业发展研讨会论文集. [出版者不详]:54-61.

赵俊生,刘伟,钟声,等,2018. 荔枝优良新品种'翡脆'的选育 [J]. 果树学报,35 (2):261-264.

赵俊生,曾祥有,曾运友,等,2016. 中熟优质荔枝品种红蜜荔引种研究 [J]. 种子科技,34 (8):118-119.

赵萌,张惠云,高贤玉,等,2018. 屏边县荔枝产业发展现状分析 [J]. 热带农业科学,38 (2):121-125.

周宝同,2000. 川江河谷带气候特征及发展荔枝龙眼优势条件分析 [J]. 西南师范大学学报(自然科学版)(1):86-91.

朱建华,侯延杰,彭宏祥,等,2019. 荔枝大枝驳枝生根试验 [J]. 中国热带农业 (2):51-52.

朱建华,李鸿莉,秦献泉,等,2021. 广西荔枝龙眼品种发展历程与展望 [J]. 广西农学报,36 (5):80-83.

朱建华,陆德培,徐宁,等,2022. 广西荔枝优稀品种章逻荔 [J]. 农业研究与应用,35 (1):40-43.

朱建华,彭宏祥,曾世江,等,2014. 早熟荔枝新品种:'桂早荔'的选育 [J]. 果树学报,31 (5):997-999,748. DOI:10.13925/j. cnki. gsxb. 20140130.

朱建华,秦献泉,廖世纯,等,2020. 广西荔枝栽培新技术 [M]. 北京:中国农业科学技术出版社.

朱剑云,叶永昌,叶耀雄,等,2006. 优良荔枝品种荷花大红荔引种试验 [J]. 广东农业科学 (3):45-46. DOI:

10. 16768/j. issn. 1004-874x. 2006. 03. 021.

庄丽娟, 罗洁, 2012. 越南荔枝龙眼生产和贸易发展状况考察 [J]. 中国热带农业 (5): 26-29.

庄丽娟, 邱泽慧, 2019. 印度荔枝产业发展特征与趋势分析 [J]. 中国热带农业 (1): 22-25.

庄丽娟, 邱泽慧, 2021. 2019 年中国荔枝产业发展特征与政策建议 [J]. 中国南方果树, 50 (4): 184-188.

庄丽娟, 唐舒娜, 齐文娥, 2009. 台湾地区荔枝出口竞争力下降的原因与对策 [J]. 台湾农业探索 (1): 1-4.

左艳秀, 张惠云, 胡桂兵, 等, 2016. 滇西边境山区荔枝龙眼产业链调研报告 [J]. 中国热带农业 (5): 20-22, 36.

ATKIN O K, TJOELKER M G, 2003. Thermal acclimation and the dynamic response of plant respiration to temperature. Trend in PlantScience, 8 (7): 243-351.

BATTEN D J, LAHAV E, 1994. Base temperatures for growth processes of lychee, a recurrently flushing tree, are similar but optima differ. Australian Journal of Plant Physiology, 21 (5): 589-602.

HUANG H B, QIU Y X, 1987. Growth correlations and assim ilate partition ing in the arilate fruit of Litchi chinensis Sonn. Aust. J. Plant. Physiol., 14: 181-188.

HUANG H B, XU J K, 1983. The developm ental patterns of fruit tissues and their correlative relationships in Litchi chinensis Sonn. Sci. Hort, 19: 335-342.

HU G B, FENG J T, XIANG X, et al., 2022. Two divergent haplotypes from a highly heterozygous lychee genome suggest independent domestication events for early and late-maturing cultivars [J]. Nature Genetics, 54 (1): 73-83.

MENZEL C M, RASMUSSEN T S, SIMPSON D R, 1995. Carbohydrate reserves in lychee trees (Litchi chinensis Sonn). Journal of Horticultural Science, 70 (2): 245-255.

YAO L X, BAI C H, LUO D L, 2020. Diagnosis and management of nutrient constraints in litchi [M] //SRIVASTAVA A K, HU C X. Fruit Crops. Netherlands: Elsevier: 664.